小程序是什么？小程序
是一种不需要下载安装即可使用的应用
怎么样的
运营方式
优势 ?新零售将
①强流量入口 ·引领未来全
未来商业竞争 新的商业模
主战场 **趋势**
②企业在移动
互联网时代 微信用户流量的情况
天然的应用 就可知道小程序
③可以轻易获得 **隐藏**了
用户数据 巨大的商机
④未来O2O
第一平台

小程序
改变一切

大树 周鹏鹏◎著

台海出版社

图书在版编目（CIP）数据

小程序改变一切 / 大树，周鹏鹏著 . -- 北京：台海出版社，
2018.7
ISBN 978-7-5168-1947-0

Ⅰ. ①小… Ⅱ. ①大… ②周… Ⅲ. ①移动终端 – 应
用程序 – 程序设计 Ⅳ. ① TN929.53

中国版本图书馆 CIP 数据核字 (2018) 第 122050 号

小程序改变一切

著　者：大　树　周鹏鹏

责任编辑：戴　晨　贾凤华　　装帧设计：翟　欢

策划编辑：鸽　子　　　　　　版式设计：陈慧文　　　　　责任印制：蔡　旭

出版发行：台海出版社
地　　址：北京市东城区景山东街 20 号　　邮政编码：100009
电　　话：010-64041652(发行，邮购)
传　　真：010-84045799(总编室)
网　　址：www.taimeng.org.cn/thcbs/default.htm
E-mail：thcbs@126.com

经　　销：全国各地新华书店
印　　刷：北京欣睿虹彩印刷有限公司
本书如有破损、缺页、装订错误，请与本社联系调换

开　　本：880×1230 毫米　　1/32
字　　数：66 千字　　　　　　　　　印　　张：4.75
版　　次：2018 年 9 月第 1 版　　　　印　　次：2018 年 9 月第 1 次印刷
书　　号：ISBN 978-7-5168-1947-0
定　　价：42.00 元

前言

在人类的发展历史中，有一些事物的产生所起到的作用是巨大的，例如：蒸汽机、电、计算机、互联网、搜索引擎、社交电商、智能手机、人工智能、公众号以及小程序……这些事情改变了世界的运行方式、改变了行业既定的轨道和发展速度、也照亮了那些追寻成功梦的普通人。对于以上事物所产生的重大影响，除了小程序以外，似乎其他都是毋容置疑的。而之所以对小程序质疑，就如同在 2012 年以前没有人会认为公众号能改变中国的媒体业一样，但随着时间的推移，公众号的力量越来越强大，最后深入各行各业。

　　小程序自 2017 年 1 月 9 日（苹果手机首次发布时间）上线以来，就备受瞩目，寄托了万千开发者和市场的期望。由于微信拥有巨大的用户群体，每一个小小的失误都会被无限放大，因此微信对刚刚上线的小程序一直保持较谨慎的态度，没有像大众期待的那般全面开放，而是做了诸多的限制，结果遭到了大量的质疑，使小程序迅速跌入低谷。面对这种质疑，微信社交平台没有做过多的公关处理，而是埋头修 bug 和持续不断地开放更多功能给开发者和市场。

　　截止到今天，微信研发者已经为小程序开通了 43 个流量入口。从流量入口上来看这种支持是空前绝后的，值得我们深思！

　　从开放的功能上来说，无论是外卖对接、电商在线客服、还是微信搜索的（像百度一样的）模糊结果，微信小程序几乎都可以实现像淘宝、美团、百度这些中心化流量平台的所有功能，最重要的是，微信小程序有天然的社交价值，可以引爆"社交电商"这个核弹级的推广方式。

　　什么是社交电商？简单来说就是商家只需要支付一个优惠券

的成市就可以获得倍增的流量和订单，因此社交电商成为迄今为止最好的推广方式。它不像淘宝和百度一样，由于推广坑位有限，推广成市一直呈上涨的趋势，导致商家负担越来越重。而社交电商是去中心化的，它将每一位用户动员成推广员，因此社交电商无论是在传播范围、还是在推广成市上相较于传统的推广形式都有其天然的优势。

流量方面，微信目前的日活量是9.63亿，百度的日活量是1亿，淘宝的日活量是1.5亿，微信日活量是百度日活量的9倍，是淘宝日活量的6倍，是淘宝日活量与百度日活量的3~4倍。并且你很有可能一天之中有30%的时间是花在微信里，但却很少会将这么长的时间花在淘宝或者百度里，这意味着微信有强大的塑造用户习惯的能力，想想你每天花费在微信里的时间，你用什么软件支付？在哪里购买电影票？话费在哪里充值？在什么平台理财？公司以及家庭在线沟通又是在哪里创建的交流群？很肯定的是几年之前你一定不是这样的习惯，但微信来了，悄悄地将你改变！

最后一个是：瓶颈，所有伟大的革命都源自于内部的腐朽，一

个运行良好并且具有持续学习、成长能力的社会或者行业是不会轻易出现革命的，一般只有当行业或者社会极度不平衡的时候才会爆发革命。如今的淘宝市场，大商家的业绩普遍面临增长瓶颈，想要订单增加就需要花费大量的推广费用，但往往是推广费用与整体利润入不敷出；而那些新进入的小商家想要存活起来更是举步维艰。如今的淘宝市场即使全身心投入团队、产品、资金，亏钱的可能性也比较大。

美团、饿了么等平台又存在高昂的费用抽成；百度是一家商业化的公司，很会赚钱，可以说是目前 2b 的 bat 业务中最会赚钱的公司，由于有较大的竞争，推广的成本也极其高昂，不是普遍商家可以参与并且成功的地方，这里所有的中心化的平台可以说都是非常成功的例子，但背后也蕴藏着一个宿命，那就是：所有的中心化流量平台由于利润和增长的考虑，最后都会形成商家给平台打工的命运。

微信为什么要做小程序呢？目标也非常简单，和所有上市公司所追求的目标一致，那就是增长。从用户基数上来说微信已经没有太多的增长空间，要走出国门与 Facebook 竞争，这种可能性几乎没有，所以在纵向增加用户这个增长目标无望的情况下，只有横向扩张。

回顾近年来腾讯的发展历程，从最初的社交软件，到游戏、视频开发，然后创建支付与理财平台，还发行了电话卡（腾讯大王卡）。腾讯为什么要这么做呢？原因非常简单，那就是在用户基数面临瓶颈的情况下，给用户提供更多的产品就能提升业绩，这也是提高转化率最好的方式。

腾讯之所以要做小程序，是因为美团、淘宝、百度的市场是最大的，小程序的成功，可以帮助腾讯从现在的 2 万亿市值增加到 5 万亿甚至更高的市值，在资本市场上有故事可讲，也是公司增长最正常的方向。在腾讯的版图内，最天然的增长市场就是搜索引擎、电商和本地生活服务。

腾讯内部，对小程序的态度如下（原字引用）：

只要微信不死，小程序折腾不止；小程序的命运，就是微信的命运！

　　微信做小程序是顺应时代趋势，跟百度、淘宝、美团的竞争也是顺势而为，商家需要这个东西，微信内部通过开发新的工具与之竞争。正所谓，真正的竞争对手从来都是在看不见的地方，平台的竞争对手也从来都不是平台，因为做同样的事情，没有谁可以完全地占领市场。平台的竞争对手是工具，工具是真正独立自主的，它不会像平台一样天天想着怎么赚人们的钱。

　　可以获得大量微信流量并且可以通过社交电商的方式低成本增加流量的工具是可怕的，这个工具就是小程序！

　　起初他不起眼，甚至遭到争议，从 2017 年 1 月到 10 月的大半年中，我们从任何一个方面都可以看到，微信已经为小程序做好了全面的布局，并且还在持续加码。腾讯之所以要做小程序，原因我们已经讲了很多，接下来我们需要考虑的是，小程序究竟会影响到哪些行业。

　　小程序会影响到电商行业，在百度里做推广的企业，以及在美团、饿了么等平台做生意的企业，即所有的零售商、所有有网站或者通过百度、1688 进行推广的企业以及所有的市地生活服务商，可以说已经涵盖了大部分商业世界，很多的行业和企业在不远的未来都会受到小程序的影响，这种影响就如同所有的零售商都会做电商，大部分需要推广的企业都会做百度和 1688 一样，可以说在 2017 年，商业世界最重要的事情就是小程序的诞生。这些商家庞大的建站需求也催生了大量服务商的诞生，甚至这个市场就是由服务商驱动的一个市场。

上面列举了零售商、市地生活服务商、在百度、1688 里做推广以及建站的企业，还有为这些商家提供服务的服务商以及运营商，那么以前在 APP（智能手机里的第三方应用程序）里和 pc 网站里做平台的商家由于小程序能够实现所有功能并且开发成本和推广成本都更低，因此平台也会被裹挟进来，甚至小程序会成为 APP 以及平台的趋势。

由于篇幅有限，在此只对小程序做简单的文字表述，本书正文中会详细解读：什么是小程序；小程序的现状；小程序的出现会改变哪些行业以及如何改变；各行业应该如何高效、精准地进入小程序市场；企业进入小程序的技术操作；通过小程序如何获得

更多的流量，订单以及销售量……通过对以上内容的深度分析和阐述，使读者能够正确搭载小程序这趟时代快车，成就自己的"英雄梦"。

能够完成本书的创作首先要感谢广州赞赏信息科技有限公司和广州点赞科技有限公司，前者是我供职过的地方，后者是我现在正在经营管理的一家小程序开发公司。如果此时的你正在寻找一套小程序建站系统或者想成为小程序服务商，广州点赞科技有限公司（dz.vzan.com）以其一流的产品和服务团队将会成为你的优质之选。

另外要感谢一直以来帮助以及支持我的一些人，要感谢周总周鹏鹏，没有他就没有我的今天，还要感谢我生命中最重要的两个女人，一个是我的母亲，一个是我的女朋友，没有她们，我可能会迷失方向；还有就是团队里的成员——技术部的小燕和马萧，没有你们，公司不可能取得如此出色的成绩。

一件坚持很久的习惯对人生的帮助是巨大的，一个坚持很久的信念会改变你的人生！因此，最后还有感谢一直以来坚持不懈的自己，正是由于这么多年的坚持与决心，才使自己能够取得今天这样的成绩。

好友罗胖说，现代人的平均寿命是 80 岁甚至更长，因此人们可能会选择工作到 70 岁，这样算来我可能还要再工作 40 多年，也意味着像我这样的工作狂人的黄金年代来了，因为我真的不知道工作之外我人生的主色调是什么。希望在未来 40 多年里，我能够成为自己英雄梦里的英雄，成为身心合一的实践者，希望自己、自己的家人、同事、朋友以及客户，未来更够健康、快乐、充满幸福和财富！

目 录

contents

附录

第一章

Chapter 1

微信小程序简介

第一节 什么是微信小程序？

小程序官方的一个定义是：它是一种不需要下载安装即可使用的应用，他实现了应用触手可及的梦想，用户扫一扫或搜一搜即可打开应用。

但我们有一句非常简单的可以迅速理解小程序是什么的一句话就是：小程序相当于一个 app 跑在微信里。它的优势不言而喻：无须下载，而且可以更低成本地获得微信的流量，且开发成本非常低。

小程序有什么价值呢？

对于这个问题我们玩味了非常久，最后我们的总结是这样的：它让普遍的企业在微信生态中有了一个天然的应用。这个是我们认为小程序的价值。公众号通过让每个媒体人在微信中有一个天然的应用而改变了中国的媒体业。而进入移动互联网时代之后，没有什么应用是企业的天然应用。

是 app 吗？大多数企业都没有开发的能力，更别提推广的能力了。

是公众号吗？更适用于媒体人和内容生产者，对于大多数企业来说，多少是有些鸡肋的。

是网站移动版吗？体验效果一般，现在很多人的习惯都转移到微信里去了，最主要是网站访问过后没有任何痕迹和留存，不符合移动互联网用户的使用习惯，总之，移动版的网站像一个暮气沉沉的应用，因为用户的习惯已经发生了改变，大多数人都不在浏览网页。

是 h5 吗？体验效果就更一般了，而且展示的效果也非常有限，支付和输入信息都有大量的问题。

因此我们可以看出来，移动互联网从 2012 年爆发至今已经有快 5 年的时间，能够满足普遍企业的应用一直都是缺席的。而小程序并不是一个凭空创造出来的产品，是你呼唤了我很久，我只是应运而生而已，因此可以预见——未来，无论是零售商、本地生活服务商还是在百度里推广的企业，创建一个小程序都是他们推广营销、扩大用户数基中非常重要的一环，就如同 2000 年的 pc 互联网建站一样，是所有商家的基本配置，而建站这个业务，至今都还是有非常大的市场。可以想象行业最初爆发的时候，给先入的企业带来了多大的红利！

第二节 小程序的现状

这个问题的答案，是每一个商家决定现在要不要做小程序的关键问题。

对于这个问题，我们给大家总结了几个点以供参考。

第一点，小程序目前在微信公众号里面有 43 个流量入口。

我有一个客户，我问他：你知道小程序有多少个流量入口吗？

他说 5 个啊！也许知道小程序有 5 个流量入口的都算对小程序已经非常非常了解了，但是实际上，小程序目前有 43 个流量入口。这么多的流量入口在微信的生态系统中是空前绝后的，在此之前没有哪一个产品有这样的殊荣，无论是朋友圈、公众号、新闻等，在此之后也不会有有任何的产品，会有这样的殊荣，而小程序，它是微信目前流量入口最多的一个产品，而微信目前的日活跃用户是 9.63 亿，所以说大家可以去联想，如果说你作为一个企业、作为一个商家，你要去选择一个能够给你带来更多流量的平台，微信小程序可以是一个非常重要的渠道，甚至是未来最重要的。

第二点，小程序在微信搜索结果中权重是最大的。

这个意义非常重大。

是什么构成了百度在 2000 年至今的搜索引擎的霸主地位，是什么构成了百度在互联网时代流量分发中心的这样一个地位？其实是网站，如果没有大众商家及企业的网站，并且基于对大众网站的抓取链接，百度是不可能成就互联网时代搜索引擎霸主地位的，而微信想要做去做搜索引擎，仅靠朋友圈的内容，靠公众号发布的推文是绝对不够的，他还必须要去链接大众商家和大众企业，而他做小程序的目的就是像在互联网时代企业建站一样，让每一个商家都创建一个小程序，一旦有了足够多的小程序商家入驻，微信就具备了成为移动互联网搜索引擎的新霸主的能力。而你要想获得这个移动搜索引擎的搜索流量，最好的方式就是及早布局小程序，目前微信搜索结果中小程序的名称的权重是最大的，其次是小程序创建的时间，然后是小程序日活跃用户，最后是商家自主在后台设置的搜索标签。

第三点，我们之前也讲过了，小程序是移动互联网时代最天然的应用。

相对于 app、公众号、h5 和手机网站，小程序更能帮助商家在微信端获得更多流量，流量就是生意，小程序会让所有的商家都趋之若鹜。

第四点，也是一个非常重要的概念：在我们看来，如果微信不做小程序，那微信就是只是微信，它就只是一个社交平台而已，但微信做了小程序，微信让自己除了是一个社交平台之外，还具备了淘宝的属性，美团的属性，还有百度的属性，微信不再单单是微信，既是微信，又是淘宝又是美团，又是百度。而在微信出小程序之前，这一切都是不可能的。

微信本来就只是一个社交平台，有了小程序之后，它就有了美

团、淘宝、百度的属性，它就有了颠覆这些流量中心化平台（淘宝、美团、百度）的可能性。

这个就是小程序的现状：

它有非常大的流量入口，而且这个流量入口是空前绝后的。

它在微信搜索的结果中权重是最大的。

它是迄今为止最天然的移动互联网时代的应用，没有哪一个产品会让每一个企业每一个商家都会去应用，只有小程序。

虽然说你可能现在觉得没有多少企业会去应用小程序，但就像2012年的公众号一样，没有多少人会认为它会改变中国的媒体，但是现在没有人会怀疑这件事情。

那么也许不要一年的时间，几乎每一个商家，小到你楼下的小卖部、餐饮店都会有一个自己的小程序。小程序对于微信来说是革命性的，对于淘宝、美团和百度来说也是革命性的，在微信推出小程序之后，淘宝也做了支付宝的小程序，但是在我看来，支付宝的小程序，就是一个鸡肋，我不认为支付宝的小程序能够做起来，因为它没有用户的黏性，它不能够黏住用户，发挥不了社交价值，没有社交价值就无法给商家带来大量低成本的流量。因此，支付宝小程序，能够给这个商家创造的价值也是非常微弱的，所以说支付宝做小程序，是马云、是淘宝感受到了恐惧，这是他们的一个被动防守动作，就跟腾讯当年做微信，阿里做来往一样，甚至后来阿里还做了游戏，但从来都没有成功过，很明显。支付宝做小程序也让阿里在害怕！

第三节 小程序的 43 个流量入口

小程序有 43 个流量入口，并且还在持续开放，那么作为一个商家，不管是零售商，还是市地生活服务商，还是传统生产制造企业或者其他，那么最关心的肯定是流量，因为流量就是生意，就是业绩，只要有流量基市上公司就能够健康运转甚至高速增长，那么微信有 9.63 亿的日活，而小程序在微信里有 43 个流量入口，这些企业在小程序里面是如何去获得流量，那么作为企业，你该如何去应用这些入口，给你导流，给你创造更多的优势，抓住这个相当于 2008 年淘宝的流量红利、相当月 2013 年公众号的流量红利，2012 年移动互联网的流量红利……

第一，ID（网络身份证）互通。

同一个公众号可以申请同一名称的小程序，通过这种方式公众

号可以给新的小程序导入大量流量，减少小程序用户的接受时间。

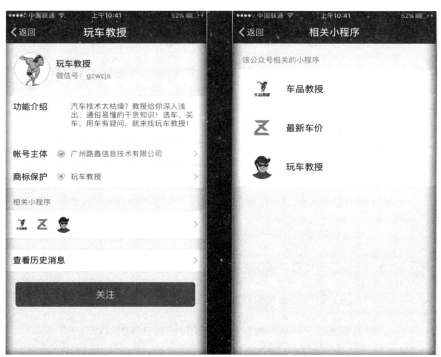

同一 ID 互通

　　如果说你是一个像玩车教授（汽车新媒体行业里面做得非常优秀的一个公众号）一样优秀的自媒体，单单作为一个媒体，你的价值是非常有限的，因为你只能提供资讯却无法提供服务和产品。而像汽车之家这样的汽车媒体平台，既是内容生产者又是平台，既能够提供资讯又能够提供服务，这样他的的价值就大得多了，就目前而言汽车之家的市值是 71 亿美金。

　　即使像玩车教授这样优秀的公众号，仅仅想通过内容生产，就达到这样的市值，是永远都不可能的。但在小程序出现之后，转机来临，玩车教授可以基于本身 9.63 亿的微信日活量，创建一个天然的小程序平台，所有在汽车之家中能够实现的功能，玩车教授都可以通过微信小程序实现。相较于汽车之家，玩车教授基于公众号小程序 ID 互通，可以将以前的公众号粉丝迅速转到小程序。

　　可以说小程序的诞生让玩车教授具有了成为汽车媒体平台的能力，以前玩车教授仅仅能够提供资讯，但是现在还可以提供服务和产品，如果说玩车教授之前卖的是广告，那么现在还可以跟消费者收钱，之前玩车教授仅能够通过一天 8 条的内容与用户互动，现在玩车教授可以通过小程序与用户实时互动，实时满足消费者的需求，这是一个质的飞跃。在玩车教授上线小程序之前，玩车教授与汽车之家有天壤之别，但在其上线小程序之后，玩车教授与汽车之家是体量的差别，只要玩车教授能够保持高速增长，假以时日，玩车教授是有可能达到与汽车之家同样市值的。

同一ID的公众号与小程序互通，给公众号的内容生产者提供了从媒体到平台的转型机会，这是新媒体的新生，是新媒体未来更大的增长空间。

如果说你是一个自媒体，那么在小程序出现之后，可以通过小程序去创建一个微信官方认可的平台，以玩车教授为例，在做小程序之前，他只是一个汽车媒体，专门负责生产汽车相关的内容。但在做了小程序的平台之后，就成了一个像汽车之家一样的汽车媒体平台。小程序给了他平台的属性，那么他既是媒体，又是平台，既可以提供与汽车行业相关的生产内容信息，又可以帮助用户找到非常好的汽车，使用户快速找到市地优质4s店以及对于不同的汽车，现阶段的评测是什么样的。这样，小程序就为这些优秀的

媒体插上了一个翅膀，可以让一个媒体成长为一个优质实用的专业平台，帮助公众号焕发新的生命力。

ID互通给这样的大媒体以机会，所以，第一个流量入口的价值就在于让公众号里面的第三方应用有了品牌主体的价值。以前公众号里的第三方链接，就是一个鸡肋，没有地位，在微信里面都搜索不到，甚至用完了之后都没有使用痕迹。如果想要去找第三方链接，需要通过一个非常复杂的路径进入公众号找到菜单然后点击进去。然而小程序在每次使用之后都会有留存，路径也简单易记，用户想要找到之前的使用痕迹是非常容易的。所以说小程序对于公众号的价值是非常大的，以前的这些第三方应用，也会随着小程序的崛起，逐渐没落。

同一ID的公众号与小程序互通，给公众号的内容生产者提供了从媒体到平台的转型机会，这是新媒体的新生，是新媒体未来更大的想象空间和增长点。

第二，公众号推文链接小程序。

简单来说就是可以在微信推文里面去挂小程序，以前我们都是通过一个图片或者一段文字，去挂一个链接，现在可以去挂小程序，它的价值就是有更好的展现效果，而且在使用之后会永久地留存在小程序列表中，这样就在无形之中提高了公众号链接的打开率和留存率，也可以给小程序导入更多流量。

公众号插入小程序链接

第三，公众号菜单挂小程序。

公众号自定义菜单

　　操作时可以把小程序挂在公众号底部的菜单里，这其实跟之前在公众号里面做的所有链接是一样的，唯一的差别就是使用户体验更好，是被微信认可，可以通过微信搜索到的，一旦用户使用，就会产生留存，而且可以不断地通过小程序给用户发送模板消息。

　　那么它的价值就是：小程序是升级版的公众号的第三方链接，体验效果更好，留存更好，还能够独立搜索，小程序的诞生让传统的基于公众号的第三方链接，逐渐退出舞台。如果说目前的你想要通过公众号推广第三方链接，小程序是你不错的选择。

　　第四，通过小程序关联公众号的模板消息。

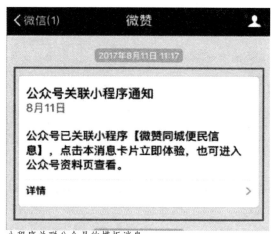

小程序关联公众号的模板消息

小程序关联公众号之后，会给所有用户发送一条提示小程序已经关联公众号的模板消息。

第五，在公众号的详情页里面会出现"相关的小程序"。

在公众号的详情里面出现"相关的小程序"

其价值是通过主体信息给小程序带去更多的流量。需要说明的是，一个公众号可以关联 10 个同一主体的小程序和 3 个非同一主体的小程序，而一个小程序可以同时被 500 个公众号关联。

第六，可以在公众号推文底部的广告位推广小程序。

往期阅读：

- "薛之谦离婚，其实就是为了买房。"
- 五星级酒店：我们不只是不换床单
- 金靖：不瞒你说，大张伟喝尿的那个节目，我在现场

阅读原文　阅读 100000+　👍972　　　　投诉

在公众号推文底部的广告位推广小程序

小程序可以在公众号底部的广告位进行推广，让优质的小程序直接去获得微信流量。在以前如果想要推广一个微信里的第三方应用平台几乎是不可能的，就算成功地推广了第三方应用，由于访问路径复杂，想要留存客户也是极为困难。小程序的诞生改变了这一现状，可以将小程序作为一个平台，或者作为一个主体在微信里面"放肆地"推广，而且由于现阶段小程序处于起步阶段，推广费与转化率是成正比的，花费多少的推广费就能取得多少的转化率。这一流量入口的价值就是——方便优质的小程序被更多的人看到和使用。

第七，公众号推文内直接关联小程序广告。

可以通过小程序在推文中直接植入广告，以前的广告都是在文章的底部，广告内容也是很随机的，往往公众号内容是介绍汽车，结果广告内容是关于化妆品的，而且以前很多时候是H5（第五代超文市标记语言）或者外链，由于网络问题或者留存问题，很多时候推广出去都是无效的。而小程序中的广告，首先位置更好，广告置于文章内容之间（像极了电视广告，你不得不看，阅读率

大大提升），并且与内容、行业有非常好的关联性，比如我正在

推广一篇苹果手机评测的文章，而文章中植入的广告很可能就是一

文中广告要求

文中前后保持300字

写完这段字就刚刚好~

广告   ♪ 去逛逛

（不体验一番🐾）

【由于电脑微信，无法打开小程序，所以电脑是看不到广告

的，只能手机微信看了~（对于平板嘛，没测试过🌑）】

公众号推文内直接关联小程序广告

个精准到苹果手机销售的小程序，再不济也是 3c 数码行业的小程序。这样一来既提高了流量主的点击率，又提高了广告主的转化率，可以说微信在为小程序导流方面释放了巨大的能力。

第八，小程序的模板消息提醒。

小程序的模板消息提醒

小程序可以给用户持续地发送消息，以商品销售为例，小程序可以实时地给客户发送产品上新、降价、店铺活动等信息，持续地吸引用户对产品的关注，帮助商家更好地提高转化率，吸引更多的流量。

而这一点目前在淘宝是不能实现的，因为淘宝缺少社交属性，绝大多数用户只在有明确购买需求的时候才进入淘宝，并且淘宝潜在的规则是流量的重新分配，让流量给平台创造更多的收入利润，而不是将流量交给商家让商家持续去运营，有数据显示，淘宝里面最高的二次购买率也很难超过20%。

小程序目前的模板消息策略是，支付后一周内可以发送3次模板消息，通常情况下是一周一次，接下来小程序会考虑加入用户参与互动的消息提醒以及订阅的可能性，促进二次购买！

第九，公众号快速注册小程序。

已认证的公众号可以免费申请可支付的小程序。如果没有公众号，不管是个人、个体户还是公司都可以独立注册小程序，个体户和公司凭借营业执照就可以申请认证支付。

关联小程序

本月还可关联同主体的9个小程序，
不同主体的3个小程序。

快速注册并认证小程序

支持已认证公众号快速注册并认证
小程序

快速创建门店小程序

快速创建的门店小程序是以名片形
式展示，不支持自行开发的小程序

公众号快速注册小程序

以上所有的内容大部分都是跟公众号相关的，如果你问公众号跟小程序是一种什么样的关系？很明显，公众号与小程序是一种非常好的融合关系。包括微信官方的态度也是一样，公众号可以给小程序导流，小程序可以给公众号带来新的粉丝增长，给公众号转型升级创造新的空间。

因此，如果你是一个公众号的运营者，需要做推广链接，目前都应该考虑小程序化，而不是坚守原来的第三方链接。因为小程序可以实现第三方链接的所有功能，并且体验更好，使用之后有留存，方便再次访问，而且可以通过微信直接搜索，也可以通过附近的小程序直接找到，能够获得微信的中心化流量，还可以通过社交电商的功能获得更多流量。因此，小程序来了，很多公众号的第三方应用需要重新洗牌，重新开发一次。

第十，如图所示，小程序可以直接分享给好友，这表示小程序有很好的社交属性，而且展示效果非常好，有天然的传播价值。

小程序可以直接分享给好友，可以直接通过社交进行传播

第十一，小程序会出现在你一对一的聊天详情或者群详情里面，打开一个聊天小程序，就能看到你们聊天过程中发过的所有小程序，这是一个非常重要的流量入口，它的价值是让小程序深

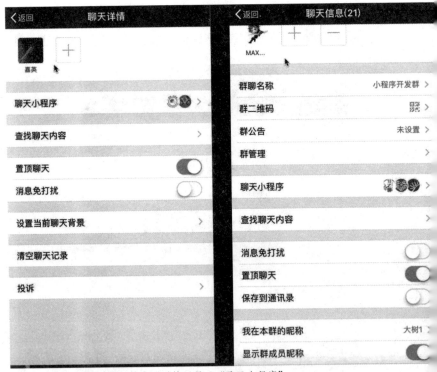

小程序会在聊天详情和群详情里展示"聊天小程序"

入所有的社交场景。让小程序在世界上触手可及之前，先在微信里触手可及。

第十二，用户可以将小程序置顶到聊天页的首位置，这样就可

置顶小程序到聊天页的首位

以使经常使用的小程序出现在方便访问的位置，音频类的小程序也会自动的被置顶到这个位置。既然微信可以置顶某个小程序的位置，那么微信也有能力开放这里成为小程序的主流量入口，就像微信既然已经开放了43个流量入口，那么为什么不再进一步呢？事实证明，自小程序上线至今，微信对其开放的流量入口一直在增加。

第十三，置顶的小程序会实时显示状态，如果用户使用的是周期性的小程序，比如记录女性生理周期的小程序、排队的小程序或者等车的小程序，那么它可以实时地显示你目前的状态，这就使得这些实时类的小程序有了很好的应用场景。

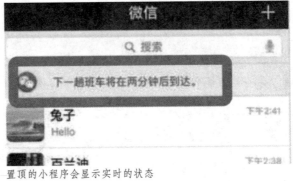

置顶的小程序会显示实时的状态

XIAO CHENG XU GAI BIAN YI QIE
小 程 序 改 变 一 切

第十四，小程序的代码。小程序的代码是独立的，而且识别度

非常高，非常突出品牌。小程序还可以申请二维码，可以与一维码

小程序兼容小程序码、二维码、一维码

很好地融合。无论是小程序码、二维码还是一维码都可以通过扫码，

长按识别以及相册选取识别。

它的价值就是使小程序无处不在，无论是线下消费过程中还是电商包裹上，还是网络上的一个场景，通过这个码，小程序将渗透到你眼睛可能停留到的任何地方。

第十五，用户可以将小程序像一个 APP 一样放到安卓手机的

小程序可以添加到安卓手机桌面

桌面上，让用户更便捷地访问小程序，从而与应用商店展开竞争。小程序的这一功能对于想在安卓手机里做 APP 的商家来说价值是巨大的，传统的应用商店竞争激烈，并且用户也失去了在应用商店里搜寻应用的乐趣，而小程序基于微信，无论是在用户基数还是用户活跃度上来说都有巨大的优势，可以说微信小程序再造了一个 APP 市场。

　　第十六，这里是小程序的主入口，当用户访问过一次小程序之后，微信里就会出现小程序的这个入口，如果用户微信里没有小

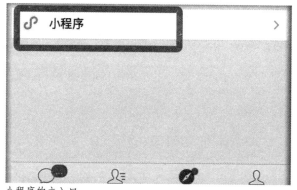

小程序的主入口

程序，可以点击微信的"我（菜单）"，进入钱包，里面有一个

限时推广，之后点击摩拜或者其他限时推广的项目，然后回到"发现"，就会看到小程序赫然在列。

这里是小程序的主入口，点击进去之后会看到搜索，在这里搜索出来的结果全都是小程序，当你观察这些搜索结果的时候，你会发现它像极了百度的搜索结果。

再往下面是附近的小程序，点击进去之后会出现附近5公里的所有小程序商家。占据下面70%以上的视觉中心是用户所使用过的所有小程序。我们看到整个小程序的页面，呈现最多的就是过往使用的小程序，这说明小程序的天然导向是让用户重复使用那些好用的小程序，这意味着在小程序里做品牌是有天然的优势。逛淘宝，几乎没有几个人能记住淘宝的店铺或者品牌名称，因为淘宝的默认规则，完全是为了呈现更多的商家更多的产品。

从这里可以看到，小程序是完全新的工具，应用者不能用过去的眼光去看待和按照过去的经验去经营小程序。可以说小程序是新时代的一盏明灯。这个小程序的主入口最主要的价值，就是给小程序运营者带去更多的中心化流量。

第十七，微信搜索。

下面图片显示的是苹果手机版微信搜索，安卓手机搜索入口是

一个放大镜模样的图标。点击搜索，输入关键字就会出现用户所

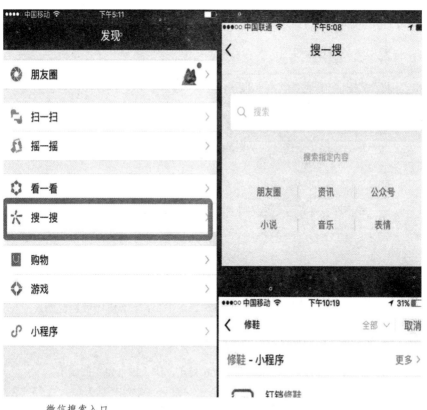

微信搜索入口

需要的小程序，如果还要了解更多的小程序，点击更多就可以。

小程序的搜索权重又有哪些呢，归纳起来主要有四个：

第一个也是最核心的是名称的关联性，以搜索词"广州酒店精品"为例，如果说小程序的名称跟这个关键词的匹配度最高，或者说小程序名称就叫广州酒店精品，那么这一小程序在此关键词的相关搜索下权重就是最高的，毋庸置疑排名一定在第一位，因为名称的权重是第一高的。

第二个是小程序注册的时间，注册的时间越久小程序的权重就越大。

第三个是小程序后台设置的标签，所有的小程序可以设置十个后台标签。

最后一个是小程序的活跃度，即小程序的日活量有多少。

这样的四个权重，决定小程序在搜索结果中的排序位次，所以说小程序也需要运营者提前去做布局，如果运营者选择在整个市场非常火热的时候进入，即使是再好的品牌，投入再多的成市，在竞争的过程中，也会处于弱势。因为之前的积累不够，布局不够长，也没有先发优势，所以要想获得持续的微信搜索流量，不管目前从事哪个行业，都可以先去创建一个小程序，选择合适的小程序行业名称，甚至创建自己的小程序矩阵。需要说明的是，个人可以注册 5 个小程序名称，个体户可以注册 13 个，公司可以注册 50 个。当然，尽量不要去碰这些已经被注册商标的主体，因为这类商标是可以通过微信申诉的。

微信搜索的价值在于他能够给小程序带去更多的搜索流量，我们都知道微信目前的日活量是 9.63 亿，淘宝的日活量是 1.5 个亿，百度的日活量是 1 个亿。既然微信有这么大的用户基础，那么微信搜索能够给商家带来的流量，很有可能会等于甚至大于百度的搜索加上淘宝的搜索。

因此，无论是做公众号、电商、市地生活服务商，还是做线下销售或者是在某网站做推广，通过以上所展开的信息，更应该考虑抓住先机，提前布局微信流量。

第十八，点击发现里的搜一搜，进去之后搜索一个关键词，例如搜索"广州移动"，下面就会出现这个公众号跟小程序的搜索结

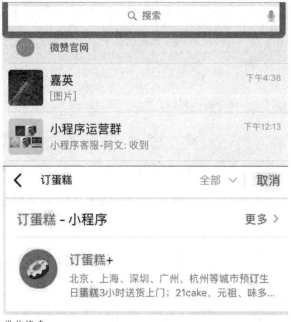

微信搜索

果，从而带去更多的中心搜索流量。这个搜一搜出现在微信的二

级菜单里，由此可以看出微信做搜索的决心还是很大的，既然是

做搜索，就不可避免地会涉足百度的搜索市场和淘宝的搜索市场。

第十九，"钱包"菜单里有一个限时推广，能进这个限时推广的，

绝大部分都是腾讯或者微信的直接线下产品。腾讯是一家互联网

公司，除了做社交之外，还做视频以及游戏，目前拥有中国最大

的用户基数。下面以腾讯王卡为例，来了解腾讯的战略布局。

钱包里的限时推广

什么是腾讯王卡呢，它的功能相当于一张电话卡，这张电话卡

的费用是 19 元，用户办理了这张电话卡，就可以免流量使用所有的腾讯软件，如果是非腾讯软件，省内的话，目前的资费是 2 元一个 G 的流量，每分钟 0.1 元的话费。在此之前，如果用户需要办理一张电话卡，通常只有三个选择：移动、联通、电信，但现在有了第四种选择，那就是腾讯王卡。相对于其他的运营商来说，办理腾讯网卡的好处是只需要花费 19 元就可以免流量使用所有的腾讯产品，还有一个非常大的优势就是流量的花费减少了。

很多人会有这样的疑问，腾讯作为互联网公司，为什么要发行电话卡。这就衍生了另外一个问题。作为一家互联网巨头公司，腾讯该如何保持公司的持续增长呢？

我们都知道，在资本市场，上市公司的追求就是——增长，公司做的好不好，一方面是看有没有好的产品，另一方面的考核就是季报、年报中公司的利润有没有增加。那么像腾讯这样的互联网巨头企业，该如何保持公司的增长呢？因为目前在用户基数上他们已经到了瓶颈期，所以说现在能够做的就是横向发展。

从做社交软件、游戏、视频再到后来的通信运营商，不难看

出腾讯为了保证自己的持续增长，在纵向增长没有空间的情况下，

所进行的横向扩张。小程序正是其横向扩张的又一产物，为了保

证公司的持续增长，腾讯在未来会将小程序当作最重要的牌去打，

因为小程序有其天然的优势，可以帮助腾讯将业务扩展到更多行

业内。

　　第二十，附近的小程序。

附近的小程序

腾讯推出的小程序并没有迅速受到市场的热捧，而是很快跌入了谷底。为了应对这一局面，微信推出了"附近小程序"菜单。基于微信每天9.63亿的日活量，许多嗅觉灵敏的商家或者创业者，嗅到了小程序将带来的巨大流量入口，短短几个月的时间，小程序重新被热捧。相较于目前的本地生活服务平台，对于用户来说，小程序无须下载，只需打开微信里的"附近小程序"进行搜索即可，对于入驻平台的商家来说，小程序依托微信拥有庞大的中心化流量，同时又兼具平台的功能，省去了巨大的推广费用以及平台抽成。这也是小程序重新受到热捧的原因。

第二十一，附近的小程序广告。

点击进附近的小程序之后，你可以在里面推广，如果说我是一个消费者，我为什么要点击附近的小程序呢，因为我在寻找服务啊，对吧，我正在寻找餐饮店，我在寻找这个健身房，我在寻找等等的周边的生活服务，那么随着更多的商家应用小程序，它会出现更多的标签，因为餐饮美食目前是最多的嘛，所以现在只有这样的一个标签，那么你在这样的一个地方打广告，就像你在

附近的小程序广告

百度里面打广告一样，就像你在淘宝的直通车里面打广告一样，

它也开放了，它的价值就是，看附近小程序的人都是要找服务的，

要找产品的，就像在淘宝搜索的人，跟美团搜索的人都是有目的

一样，这些人都是带着钱来的，那你在这里打广告是有非常大的

商业价值的，可以说，微信给小程序做的准备，现在已经是足够

充分了。

第二十二，APP可以通过小程序打开。

以前，在APP里面将一个比较好的东西分享给好友，用户

深圳市南山区 阴 24 ℃

【今天】多云 25/17 ℃
【明天】多云 25/18 ℃

墨迹天气

这是通过墨迹天气App分享的天气情况

app 可以通过小程序打开

要想看到这个东西，大部分情况下都需要下载这个 APP，这就使得用户体验效果变得不理想。但现在，如果这个 APP 同时也开发了小程序，那么用户就可以直接通过小程序去打开好友分享的内容。

小程序的价值就是让 APP 不管在微信内还是微信外，都可以访问。对用户来说，如果可以不下载 APP 就能直接使用，那就没有必要下载。对于运营者也是一样，如果做小程序可以完全呈现APP 的内容，那干吗还要去做呢。APP 不但推广成本高，开发周期长，而且开发成本也非常高。这一切可以通过小程序来实现，有非常巨大的优势。这一点也提醒目前 APP 的运营者应该及早去布局。

以上是对 43 个流量入口中的 22 个流量入口的内容讲解，下面将对这些流量入口进行分类，分析不同的流量入口有怎样的价值。

我们先来看一看，小程序有哪些中心化流量：

第一个是微信的各搜索入口，包括小程序搜索，微信搜索，搜一搜等等；

第二个是小程序的主入口，就是你之前访问过的小程序；

第三个是小程序主入口里的"附近小程序"。

小程序的第一个搜索入口，将百度、淘宝能提供的服务放进了微信；第二以及第三个搜索入口又将美团、饿了么等平台的服务放进了微信。这些都属于小程序的中心化流量，与平台是一致的。

小程序跟平台又有不一致的地方，即它是去中心化的流量，这些不一致才是真正革命性的。

那么小程序有哪些去中心化的流量呢。

第一个也是最重要的，就是社交流量。目前，社交电商是一种最好的推广方式，它不需要支付太多的推广费用，甚至只需要支付一个优惠券的成市，就可以获得双倍甚至更多的流量。这是小程序去中心化的第一个点。

第二个是二维码，不管是线上，还是线下，小程序都可以无缝地植入进去。基于小程序的特性，用户一旦使用之后就会永远留存，能够帮助商家更有效地留住用户。

小程序的属性，既有中心化的流量属性，又有去中心化的社交流量属性，以及线下的这种二维码的无缝链接属性，这些属性使它与淘宝，百度，美团等平台竞争时处于优势的地位。

第二十三，会员卡。

会员卡也是小程序的流量入口之一，通过卡券，用户可以进入小程序。在这一点上，微信团队对于商家的需求，把握得非常精准。

会员卡有什么样的价值呢？它是商家普遍的需求，单单是小程

会员卡

序会员卡这个功能就可能让很多商家趋之若鹜。

回想一下几年前我们的钱包里面都有什么？除了钱更多的就

是一些卡了吧，但近几年随着网络支付的普及，大部分消费者出门都不愿意带现金，更何况是各种各样的卡了。但是商家发行卡的需求一直都存在，或者说商家做客户关系管理的需求一直存在，那怎么办呢？最好的解决方案就是做虚拟卡，商家通过小程序在卡券里发行卡，这些虚拟的会员卡只需存储在微信里就可以了。这样既方便了用户使用又解决了商家的发卡需求，更重要的是商家通过引导用户使用卡券，使之进入小程序门店。

可以说，卡券跟小程序是非常棒的天然的组合，它让商家的会员体系由微信来完成，其价值是巨大的。

第二十四，小程序互链。同一个主体小程序可以挂十个互链，非同一个主体小程序可以挂三个互链。这与公众号互相导流，活跃用户一样。

第二十五，摇一摇摇电视。

摇一摇电商

第二十六，小程序列表。

在整个小程序的主页面中，占视觉比重最大的当属用户所使

用过的小程序列表，用户使用之后，再次进入小程序首页马上就

可以看到原来的使用留存，这就使得小程序有非常好的用户留存。

小程序访问列表

在这一点上，小程序优于公众号里面的第三方链接，因为后者使用之后没有任何留存，再次访问路径又极度复杂。

第二十七，微信客服。

很多人会担心如果在小程序购买商品，不能咨询产品细节或者

小程序访问列表

价格。针对这一点，小程序已开发了客服聊天界面，顾客进入任何一个商品详情页，都会有一个聊天的界面，其操作方式类似于淘宝的阿里旺旺。这一功能，对于小程序里的电商来说，是有很大价值的，因为有沟通就很有可能形成转化。

此时商家选择入驻小程序，应该说是最好的时机，因为微信为小程序开发的模板消息、客服咨询等功能，都能帮助入驻的商家迅速转化用户，可以说微信赋予小程序越来越多的电商属性，也为小程序这一电商市场释放了大量的活力。

另外，值得大家关注的是，随着移动互联网的迅速发展，很多产品的生命周期越来越短。以公众号为例，公众号出现于2012年，到现在已经充满了颓势。所以说作为一个在移动互联网时代打拼的创业者，一定要能够非常敏锐地意识到接下来会有什么样的浪潮，并且在这样的浪潮之下，提前做好布局，因为只有在新的平台崛起的时候，才是商家最容易赚钱的时代！

第二十八，微信搜索快捷入口。

微信目前正在部分开放的一个功能就是，点击搜索之后会链接

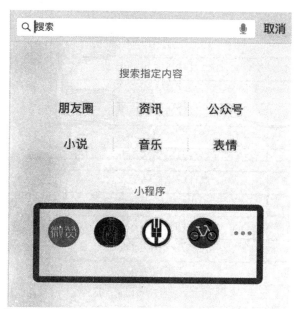

附近的小程序广告

出进入小程序的快捷入口，并显示四个最近使用的小程序，用户点击后面的三个省略点，就可以进入这个小程序的主页面。进入小程序的快捷入口，从"发现"的主入口，到点击"搜索"，就可以直接进入，微信给小程序导流的意图越来越清晰，也越来越明显。

上文所展示的是微信对小程序最主流的 28 个流量入口，下表所列为全面的 43 个流量入口：

1	附近小程序列表
2	附近小程序列表广告
3	公众号 profile 页相关小程序
4	公众号自定义菜单
5	公众号模板消息
6	卡片形式
7	公众号文章广告
8	发现栏小程序主入口
9	小程序模板消息
10	前往体验版的入口页
11	安卓系统桌面图标
12	小程序 profile 页
13	体验版小程序绑定邀请页
14	扫描二维码
15	长按图片识别二维码
16	手机相册选取二维码
17	扫描一维码
18	长按图片识别一维码
19	手机相册选取一维码
20	扫描小程序码
21	长按图片识别小程序码
22	手机相册选取小程序码

23	顶部搜索框的搜索结果页
24	发现栏小程序主入口搜索框搜索结果页
25	添加好友搜索框的搜索结果页
26	搜一搜的结果页
27	音乐播放器菜单
28	微信钱包
29	微信支付完成页面
30	二维码收款页面，打开小程序
31	单人聊天对话框中的小程序卡片
32	群聊会话中的小程序消息卡片
33	聊天顶部置顶小程序入口
34	APP 分享消息卡片
35	带 share ticket 的小程序消息卡片
36	我的卡包
37	卡券详情页
38	卡券的适用门店列表
39	小程序打开小程序
40	从另一个小程序返回
41	摇电视
42	小程序搜索框下方的小程序列表
43	公众号文中广告

表中所列的流量入口，还在不断的扩张中。开放了这么多的流

量入口，就使得商家更容易获得便宜的流量，这就是为什么目前市场上有大量的小程序建站需求，因为已经有非常多的商家意识到，小程序将改变一切。这么多的流量入口，也提醒商家小程序将成为新的电商平台。

第二章

chapter 2

小程序会改变中国的商业吗?

先送给大家一句某位大咖的原话：

"如果公众号改变了中国的媒体业，那么小程序就一定会改变中国的商业。"

现在，大众对小程序没有太多的感受很正常，请问在2012年、2013年有多少人会认为公众号会改变中国的媒体业？但是现在却没有人怀疑公众号改变了中国的媒体业，现在的小程序就相当月2012年、2013年的公众号，如果公众号有能力改变中国的媒体业，那么小程序就一定能改变中国的商业。

第一节 微信小程序的优势

腾讯内部对于小程序的态度，上文有过讲解，即"只要微信不死，小程序折腾不止，小程序的命运，就是微信的命运"。基于腾讯内部对小程序不遗余力地开发推广，以及微信目前拥有的庞大日活量，可以说在未来，小程序的市场潜力是巨大的、不可估量的。

下面有一些问题值得大家思索一下，即：

在微信里还有比小程序，能为你带来更多流量的应用吗？没有。

微信通过小程序，能做百度所做的事情吗？一定会！

微信通过小程序，能做美团、饿了么所做的事情吗？一定会！

微信通过小程序，能做淘宝所做的事情吗？一定会！

在小程序诞生之前，微信做不了。因为微信没有一个让普遍企业都运用的这样一个应用，小程序的诞生，使商家、企业，还有零售商，都可以花非常低的成本，去创建一个小程序。小程序对商家的价值就是可以带来流量。小程序对所有商家、企业覆盖之后，就能够成为像百度一样的流量分发中心。大多数企业都会去建网站，而百度链接了所有的网站，于是就形成了网站的流量分发中心。但微信的出现，使人们的习惯发生了改变，改变了人们消费、储蓄、社交等习惯，我们几乎把大量的时间都放在微信里面。既然微信已经改变了人们这么多的习惯，那么微信难道就不能够改变人们之前在百度里面搜索的习惯，转而在微信里搜索吗？答案是肯定的，因为小程序连通了一切，使这些搜索变得更有价值、更能满足人们的需求。

微信通过小程序，不能做美团饿了么的事情吗？

在五月份之前不会做，但是五月它做了，而且一定会坚定地做下去，这条路只有一条路走到黑。

微信通过小程序，不能做淘宝做的事情吗？

目前的事实是，小程序为了去做淘宝做的事情，已经做了充足的准备，开通了客服咨询，有了支付消息提醒，最主要的是有了社交电商，这是每个商家都孜孜以求的、低成本的营销工具。

微信的日活量是百度日活量与淘宝日活量的四倍，而且微信有强大的社交能量，难道微信不能够做到更好吗？相信微信一定会做得更好。

微信相对于这些平台来说，流量是后者的好几倍而且有强大的社交功能，这就是微信的优势。我们认为，微信不但可以做好，甚至会比他们做得更好，所以说我们现在整个公司，是一定要把小程序产品做好，一定要把我们的客户服务好，一定要把我们的代理商服务好，因为这就是未来。通过腾讯大王卡，我们也看得出来腾讯一定会往这个方向去做，一定会横向发展，如果不横向发展，就是死路一条，因为整个中国的市场只有这么大。腾讯通过社交做了很多，通过游戏做了很多，如果它想做得更多，就需要去做餐饮，去做百度，去做电商。所以说，不管从任何一方面，腾讯一定会坚守小程序，这是腾讯的一个战略。做公众号，是跟着腾讯走，做小程序，也是跟腾讯走，无非是时间机遇不同，市场规模不同。

很多人在 2012 年的时候就看到公众号的趋势，提早做了布局，而

有些人在 2017 年才看到公众号的趋势，请问这个阶段，你能够很

容易地去创造一个很好的新媒体吗，虽然有可能，但却非常难。

如果你在 2012 年去做一个公众号，那么成功的可能性就很大。

第二节 深度解读微信小程序三部曲

一、小程序是强流量入口、小程序是未来商业竞争的主战场。

微信是目前最大的移动端流量入口，日活跃用户 9.63 亿，而百度的日活用户才刚刚过 1 亿。流量在哪里，企业客户自然会去到哪里，现在每天都会有成千上万家的企业推出自己的小程序，如同 2000 年之后所有的企业都有强烈的建站需求一样，你不做，你的竞争对手一定会去做，你就会被竞争对手赶超。小程序搜索最开始是精准搜索，现在是模糊搜索，可以预见的是到未来一定会实现像淘宝或百度一样的意图搜索以及搜索广告。由于微信日活量是百度日活量与淘宝日活量用户的 3—4 倍，基于微信庞大用户基数的搜索流量必然是有强大的想象空间。而微信搜索结果中无论是现在还是未来，小程序因为可以满足各种应用场景，一定是权重最高的应用。无论是经营哪方面业务的公司，小程序都注定成为商业的主战场，当然如果你较早经营小程序，你就必定会有强大的竞争优势。

（一）网站是 PC 互联网时代所有企业的天然应用，小程序是每一个企业在移动互联网时代天然的应用。

网站是 PC 时代所有企业的必备，APP 无疑是移动互联网时代企业最自然的转型，然而由于 APP 高昂的开发成市、复杂的访问路径，昂贵的推广费用，让大多数企业对 APP 的应用避之不及，而小程序的诞生，因其接近原生态 APP 的体验、无须下载和关注，访问后永久记录的特征，将企业在移动互联网时代的应用平台推向千家万户。

有一个很形象的比喻：

开发一个 APP 好比是在一个荒无人烟的地方开一个店，要自己负责推广，要从零开始把这个地方变得特别热闹，还需创建各种基础设施。而小程序相当于在商业街上开店，水电都是现成的，关键还有天然的客流。

有人说，那我已经有了 APP 或者网站了应该怎么办？答案很简单：当用户不在那里，那就放弃他，没必要固守阵地，当用户的行为和习惯发生变化的时候，企业也必须要转型和升级，如果企业坚持不转型，那就只能等着别的企业超越自己。

（二）小程序可以轻易获得用户数据。

由于小程序的所有用户都来自于微信，一旦用户访问小程序，就会有一个清晰的用户画像，有利于深度分析用户群体，很明显无论是 PC 时代的网站还是移动互联网时代的 APP，都有高昂的用户注册成本，要想深度分析用户数据就更是难上加难了，而微信小程序则提供一步到位的强大数据分析，帮助你分析用户，发现用户，最终营销客户。

（三）附近的小程序是未来 O2O 第一平台。

除了小程序的重要历史地位之外，我们大多数用户打开附近的小程序都会看到周黑鸭的小程序，家政的小程序、星巴克的小程序、农行的小程序、麦当劳的小程序，可以说附近的小程序在未来会像美团和 58 同城一样，几乎囊括所有的市地生活服务商，由于美团和 58 同城的低频应用，即用的时候下载，不用的时候就删掉。微信附近的小程序拥有即用即走的巨大优势，加上微信无人企及的流量优势，附近的小程序会成长为未来 O2O 的第一平台。

（四）微信搜索将超越百度成为搜索流量最大的平台。

微信日活量是百度日活量的 9 倍，用户在微信中花费的时间更是百度的几十倍甚至上百倍，微信孕育了大众理财平台、理财通；孕育了朋友圈；孕育了微信支付；孕育了公众号；微信之所以大力推广小程序，除了小程序具有巨大的覆盖 b 端用户的价值之外，还基于小程序为微信挑战百度第一搜索入口提供了重要基础。其逻辑如下：百度之所以是商业流量的分发中心，是因为在传统 PC 互联网时代，所有的企业都会建站，所有的信息都是基于网站，而访问网站的最优质路径就是搜索，于是百度胜出；而在微信上目前似乎还难以做到这一点，但是小程序的推出，让所有企业具有了在移动互联网时代低成市建站并且被搜索流量获取的访问路径，因此微信意不在小程序，而在搜索，小程序是微信霸业的重要一局。

（五）关于微信小程序的 43 个庞大流量入口。

附近的小程序列表、附近的小程序列表广告、公众号相关小程序列表、公众号自定义菜单、公众号模板消息、公众号文章、公众号文章广告、发现栏小程序入口、小程序模板消息、前往体验版的入口页、安卓系统的桌面图标、小程序 profile 页、体验版小程序绑定邀请页、扫描二维码、扫描一维码、扫描小程序码、顶部搜索框的搜索结果页、发现栏小程序主入口搜索框的搜索结果页、搜一搜的结果页、音乐播放器菜单、微信钱包、微信支付完成页、二维码收款页面打开小程序、聊天会话中的小程序消息卡片、群聊会话中的小程序消息开票、聊天顶部置顶小程序入口、分享消息卡片、代 Share Ticket 的小程序消息卡片（详情）、长按图片识别二维码、手机相册选取二维码、长按图片识别一维码、手机相册选取一维码、长按图片识别小程序码、我的卡包、卡券详情页、卡券的适用门店列表、小程序打开小程序、从另一个小程序返回、摇电视。如此众多的流量入口让小程序成为企业移动互联网的标配变为必然！

二、小程序将成为服务商。

趋势之下必然催生大量小程序建站需求，这种需求的深度可达十余年，广度覆盖整个中华大地，这种需求就像历史的齿轮一样，从 PC 端建站转向了小程序，然而大多企业没有自主研发的能力，只能依托于各种市地的小程序建站服务商，而服务商则利用代理的小程序自主创立建站系统，给市地客户提供全套的小程序搭建以及小程序装修设计的服务。

三、小程序成为平台商。

从小程序诞生至今涌现了大量依托于小程序的平台商：订蛋糕+、玩车教授、花帮主识花、聚美优品、她厨美食、一家民宿、买一只。这些平台商通过精准的服务、庞大的流量入口、低成市的研发，迅速抢占市场，流量是一切平台发展壮大的第一要素，在传统的无论是 PC 时代还是 APP 时代，高昂的流量成市让平台运营成为一件只有大资市参与才有可能运作起来的商业模式，而小程序重新定义了平台——小程序，创造小平台。

第三节 小程序时代万千企业如何布局

可以肯定，小程序是所有企业在移动互联网时代的标配。无论是在前互联网时代、互联网时代、移动互联网时代还是微信时代，营销都是任何企业或者市地商家的生命线，只要能保证持续的流量，企业和商家总是能保持勃勃的生机和较好的利润，说到底，生意就是通过流量将产品或服务进行转化。拥有9.63亿日活量的微信现在终于开放了中心化的搜索流量（小程序权重最高）和市地化的附近小程序（展示5公里内所有的小程序），可以说无论是淘宝商家、百度企业还是市地生活服务商家，都有一个巨大的流量增长机会。在这样的机会面前唯一能竞争的就是时间，做得越早就越有先发优势，就越能够与竞争对手拉开差距。

　　无论你是哪种类型的老板，或者创业者，小程序都为你提供了广阔的增长空间，正如巴菲特所说，企业存在的唯一价值就是寻找增长，毫无疑问，小程序会为你带来未来 10 年的增长。

　　微信在 4 月 24 日悄悄成立的搜索应用部，坐拥百度日活 9 倍用户基数，淘宝 6-7 倍日活用户基数，这一动作使百度和淘宝都不寒而栗。

　　然而故事还没结束，小程序在 5 月 10 号又上线了，我们可以将附近的小程序称为周边服务，附近小程序的上线，让美团、大众点评网和饿了么都倒吸一口凉气。原来在美团、饿了么商家要支付 10% 甚至 20% 的佣金才能够获得的流量，现在通过微信周边的小程序同样可以实现，甚至流量远远超过新美大（大众点评网与美团网战略合作后的名称），而且小程序仅需低廉的建站费用即可。如果能够提供同样的服务，从长期来看，商家肯定是更愿意选择成市更低、流量更大的平台。消费者也是一样，从长期来看，如果微信提供的服务和新美大提供的服务一样，并且还不需要再多下载 APP，消费者肯定是愿意在微信中解决一切，看一下滴滴、理财通、电影票、朋友圈等产品的成功我们就已经能很大程度上预测到小程序的优势。

附近的小程序将深度应用到以下本地生活服务行业，深刻地改变行业的经营模式，包括但不限于以下行业：

餐饮、酒店、电影院、KTV、足浴按摩水疗、运动健身、酒吧、网吧、茶馆、棋牌室、桌游、农家乐、户外拓展、旅游、机票火车票、婚纱摄影、课程培训、汽车服务、体检、洗衣、配眼镜、鲜花、蛋糕、美容美发美甲、整形、化妆、搬家、宠物、家电维修、招聘、房地产、装修建材、工商注册、二手物品等行业。

同样，微信搜索将深度应用到以下企业的推广营销中，深刻地改变行业的经营模式，包括但不限于以下行业：

服装鞋帽、箱包配饰、内衣、运动户外、母婴用品、童装、玩具、工艺品、日用百货、汽车用品、食品饮料、家纺装饰、家装建材、美容化妆、个护家清、3c、手机、家电、电工电气安防、办公用品、电子照明设备、机械五金仪表、橡塑化工钢材、电视剧、电影、新闻、娱乐八卦、军事热点、游戏论坛、彩票、音乐、小说、动画漫画、

商城、股票理财、女性、银行、天气、日历、快递、政府、菜谱、二次元。

还是那句话，如果公众号改变了中国今天的媒体业，那么小程序一定会改变未来中国的商业。

以上是关于小程序过去的观点，如果你已经感触颇深，那么我想告诉你：

故事才刚刚开始，下一期，我们将带你了解小程序目前正在测试、即将上市的一些功能，这些小程序新的功能和应用将持续而强大地改变所有人的消费习惯。

敏锐如你，必应提早布局小程序。当2012年7月有人告诉你公众号会改变中国的媒体行业，你应该选择相信还是不相信？

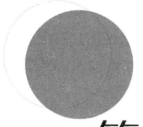

第三章

chapter 3

小程序如何改变中国商业

在我们看来，小程序会通过这样的几个细分市场，改变整个中国的商业世界：

　　第一，小程序会改变公众号；

　　第二，小程序会改变 app；

　　第三，小程序会改变电商；

　　第四，小程序会改变线下零售商；

　　第五，小程序会改变本地生活服务商；

　　第六，小程序会改变很多企业。

　　还是最开始的那句话，如果公众号改变了中国媒体业，那么小程序一定能改变整个中国的商业。

第一节 小程序如何改变公众号

关于公众号里的第三方链接已经是老生常谈的话题了，在此我们就不重复讲述了，如果此时的你还在做微商城，还在做微官网，那么我建议直接换成小程序，这个刚才也已经反复讲过了，"小程能够实现公众号第三方链接的所有功能，并且体验更好，最重要的是小程序是独立产品，能够被搜索，有访问记录，在微信中拥有最庞大的流量入口，不像第三方链接，仅是一个链接，而且访问路径复杂。所以说当你选择第三方链接时，只要是小程序能普遍实现的，那你一定要去做小程序，当然有一些功能是小程序实现不了的，比如说微赞的直播，这是非常优秀的产品！但是在小程序里面看不了直播，虽然说这个在小程序里实现不了，但它

在公众号里依然有市场。还有论坛，我们的微赞论坛还是很强大的，用户众多，企业用户起码有 10 万，但是小程序做论坛需要 ICP 备案，试问有多少个公众号，有多少自媒体有能力做 ICP 备案呢，所以说论坛在小程序里也是普遍实现不了的，但在公众号的第三方应用中依然会有市场。

那么公众号是什么呢？公众号是媒体，公众号就像报纸，就像电视剧，就像综艺节目，就像游戏，就像短视频，就像直播一样，它是迎合了大众喜好而诞生出来的一种新媒体、新娱乐。

既然是一种大众喜好，就会有被大众抛弃的一天，这恐怕就是宿命。以报纸为例，现在还有多少人看报纸呢？几年以前，每个人从地铁出来差不多都会拿一份报纸，那个时候报纸的发行量是巨大的，但是现在，请问还有几个人在地铁里看报纸？答案是没有几个人，这就是新媒体迎合大众喜好的宿命。

现在几乎所有的公众号运营者都有一个共识，即公众号已经开始衰落了，那么现在用户应该做什么呢，答案是应该转型升级，只有这样才能继续保持公司的增长，或者说继续公司的正常运营。

如果说用户依然停留在原来的位置，那么就一定会随着市场衰落而衰落。我们在一个市场里面，公司能够赚钱、能够盈利，是随着市场增长而增长，公众号这个行业已经开始衰落了，那么公众号的运营者，不管是新媒体还是市地自媒体，应该考虑的事情都是出路在哪里。是继续卖广告还是说在行业还有巨大影响力的时候去做提前的转型。这是公众号的现状，那么我们来看下公众号应该去向何方？

公众号的出路是什么？先谈一个关于我自己的事情，我既是一个游戏爱好者又是一个工作狂。游戏是我的爱好，工作也让我痴迷，这两件事情对于我来说，都非常重要。但是当它们出现竞争的时候，比如说，一天只有24个小时，我又喜欢玩游戏又想工作，该怎么办呢？很多人都会像我一样舍弃游戏，把工作当成生活的中心，这是因为工作可以满足我的需求，可以让我赚到钱，让生命有着落，可以满足我很多"世俗的"需求！这些东西游戏很难带给我，游戏只是我的一种喜好，它可以帮你打发时间，然而你很难通过打游戏去改变人生。所以说，当你的喜好和你的需求存在竞争的时候，

喜好一定会败下阵来。需求，一定是那个最终胜出的。

通过这个事情，大家可以去考虑自己的生意，究竟是迎合用户喜好的呢，还是满足大众需求的？有一些生意它可能不是特别赚钱，但是它很持久，比如餐饮，餐饮做得好你就一定会持久的赚钱，不管什么时代，所有人都是要吃饭的，所以说，公众号做的所有事情，就是迎合用户的喜好。那么，公众号该如何从迎合喜好到满足需求去转型呢？

你现在在一个行业里有非常大的号召力，你怎么把这些用户，通过满足需求的产品或是服务，再深度转化你的用户。

我们来举一个非常成功的案例，即一个叫"罗辑思维"的公众号。这个公众号在 2015 的估值是 13.2 亿，现在的估值已经高达 70 亿。是因为罗辑思维公众号的粉丝不断增长吗，答案是否定的。罗辑思维的打开率跟阅读率我相信是下降的，可能它的粉丝达到 500 万之后也到了一个瓶颈，但是为什么它的估值可以从 13 亿到 70 亿。是因为它做了一个产品，这个产品叫"得到"。得到做的是知识付费，也就是说罗辑思维进行了一个转型升级，从以前用户每天接受其一个 60 秒的碎片化信息，到一年只需支付给系统 200 元，里面的课程任你选，满足你系统学习的需求。我个人在"得到"里面差不多买了十几套课程，为什么我愿意买这些课程呢，因为有需求。比如我有一些存款，但不知道该怎么理财，里面有一个专门针对理财的课程，只需要 200 块，你说我感不感兴趣，我肯定感兴趣；又比如，我买美国股票，最近英伟达的股票很火，但我却对硅谷一无所知，为了让自己对科技更了解，因此我又买了关于硅谷科技的课程；我带团队，同时管理公司，有很多管理上的难题，为了解决这些问题，为了让自己成长，我又买了管理的课程。我有太多的疑惑，就像很多跟我一样在社会上打拼的人一样，这个平台满足了我想要学习的心理，给我提供了顶级的老师、非常高性价比的产品，一年只要 200 块的课程，你说我心动不心动，我一定心动，这就是我的需求。罗辑思维通过"得到"做了一个非常好的从喜好到需求的漂亮升级。所以说，它可以从估值 13 亿到 70 亿，这是一个非常成功的例子。

罗辑思维并不是个例，在 2016 年、2017 年，知识付费是大潮，

知识付费背后的逻辑也完全是媒体人从提供喜好到提供需求的一种转变，如果一个知识付费的产品，不能够满足一小部分人的需求，那么它一定不是一个好的产品。

作为一个公众号，要想保持公司的长期运营，持续增长，就意味着你要去拥抱变化，因为行业在变，行业在衰落。你必须要给自己的未来找到一个更大的市场，找到一个不断增长、长期存在的需求，这也意味着你要有新的产品，有新的服务去满足你的客户。可以举一个我们产品的例子，我们有一个产品叫微赞同城，它是一个平台，你可以在上面找房子，你可以在上面找家政，你可以在上面找顺风车，所有与市地生活相关的事情，你都可以在这个平台里面去做。那么这样的一个平台，说白了就满足了你的某种需求，这样的满足用户需求的服务就可以成为很多自媒体转型升级的一个方向。

俗话说"天晴修屋顶"，现在还不是公众号最差的时候，即使很多人都把大量时间花在王者荣耀、短视频、直播上了，致使公众号的浏览量持续下降，但是现在还不是最差的时候，公众号还处于"晴天",还可以去"修屋顶"。

如果你是公众号运营者,我们给你准备了几条建议:

1. 所有在小程序里能够实现的第三方链接都应该迁移到小程序;

2. 在大部分粉丝和客户都还在的时候,开发新的产品和服务来满足用户的需求。

很多人不知道开发哪一方面的产品和服务,关于这个问题,没有人能给到准确的答案。但是在此可以给出两个方向,大家可以综合自己的实际情况去做思考:

第一个,就是2c,也就是做知识付费。知识付费的内容生产其实还是有很高的门槛,所以说知识付费普遍被应用似乎有点行不通。

第二个,方向是2b的,零售商要做小程序,电商要做小程序,企业要做小程序,本地生活服务商要做小程序,但是他们自己开发不了,就一定会去找服务商,所以说第二个选择就是可以成为一个服务商,尤其是本地自媒体。当然,用户不用自己去开发小程序模板,因为开发的成本非常高。你完全可以考虑,代理别人

家的小程序产品。

综上所述，这两个方向，第一个，2c，有门槛有难度，但是做起来之后想象空间很大。

第二个，是2b，没有门槛，没有难度，非常容易赚钱，非常容易变现，是一个靠谱的创业方向。那么你愿意选择哪个方向，你们自己去考虑。

更多的这种2b、2c的服务用户可以根据自己所在的行业去畅想下，但是在我个人看来，可以选择的空间也不多，小程序真正掀起的浪潮是改变市地的生活服务商，在百度里推广的企业以及零售商。所以说，在他们身上去找产品，找服务，是最顺势而为的，也是最能创业成功的。创业能不能成功一方面看你个人综合能力，另一方面要看你选择的行业对不对，你选择的行业有没有爆发式增长的需求。

第二节 小程序如何改变 APP

小程序可以非常轻易地改变 APP。玩英雄联盟的人下 LOL 助手！看视频的人下载爱奇艺！骑单车的人下载摩拜！买衣服下载蘑菇街、京东、拼多多！叫外卖下载饿了么！旅行下载携程、12306、携程旅行网、汽车之家。那么这些所有的平台都有小程序。这样用户就无须担心这些 APP 占用手机内存了，而且体验也基本可以达到与 APP 一样的水平了。

大家不妨在这里做个选择题，在实现同样功能的情况下，你更愿意下载 APP，还是不下载呢，我相信更多人是跟我一样的选择，那就是不下载 APP。小程序是 APP 的趋势，"得到"为什么要做小程序，最主要的就是小程序可以让它增长。如果说你是为 APP

提供服务的或者说你本身就是一个 APP 的运营者，那目前来看你完全可以考虑把小程序当成你这一块的重心，因为无论从任何方面来说，小程序的优势都是巨大的。

小程序对 APP 的价值。首先小程序与 APP 不是相克而是相生的关系，APP 运营者可以通过创建一个自己的小程序来获得更多的微信新用户。那么小程序相对于 APP 最大的价值就是降低了用户去体验 APP 的成本。但是由于小程序的拉新成本极低，开发成本低，也非常有可能导致用户因为习惯使用小程序而降低使用 APP 的频率，以至于小程序成为 APP 的趋势。

可以说 APP 是移动互联网时代企业、商家最天然的应用，但由于它的用户使用成本高，开发成本高，推广成本高，以至于 APP 只成为平台的战场，少有企业会开发一个自己的 APP，而小程序极有可能补上这一环，让小程序成为所有商家、企业在移动互联网时代最天然的应用，就像公众号对于媒体人而言是最天然的应用一样。

对于用户，可以考虑一下如下的选择题：

在实现同样功能的情况下，你更愿意下载 APP 还是不下载 APP 呢？相信更多人的选择，都是不下载 APP。

在面对以下 APP 的时候，例如爱奇艺、携程网、英雄联盟助手、王者荣耀助手、摩拜、蘑菇街、美团、饿了么等，你可能更愿意在微信里搜索一下小程序直接使用。同样，如果这些应用我们更习惯于使用它们的小程序，那么谁还会使用 APP 呢？

罗辑思维的"得到"为什么从一开始放弃小程序，到最后又悄悄回到小程序呢？最主要的原因是小程序能够帮助它更低成本地获得用户，获得业绩的增长！回到小程序，显示了一个领先时代的新媒体对小程序趋势的无奈！如果你本身就是一个 APP 的运营者，我觉得你完全可以考虑把小程序当成你未来的重心，因为无论从任何方面来说，小程序的优势都是巨大的。

我们一开始讲了诸多的小程序对于 APP 的价值，下面再来讲一讲 APP 对小程序的价值，如果要说移动互联网时代，哪里的内容最多，哪里的内容最优质，那一定是 APP 了。微信已经把这些内容搬了进去，那么会造成一个什么结果呢？会造成原来用户花

在其他 APP 里的时间也渐渐转移到微信，以至于微信会成为未来的超级流量分发中心，就相当于零售行业的淘宝，搜索引擎行业的百度，总之，你以前所有分散的时间，全部都将聚集到微信里了，未来是一个"移动互联网的微信"时代。

所以，通过小程序与 APP 的这种动态的促进，我们几乎看到了一个必然的未来，那就是 APP 与小程序的繁荣，而最终繁荣的是小程序！既是无奈，也是趋势！

第三节 小程序如何改变电商以及线下零售商

中国零售业占到整个中国 GDP 的 44% 以上，可以说在一定程度上零售业的兴衰决定了国家经济的兴衰，零售业的机会可以说是整个中国最大的机会。但是我们现在看，无论是线下零售业还是电商业的发展都面临瓶颈：

1.线下零售

单店业绩始终无法有效增长，但单店租金却不断上升，人工成本不断上涨，导致大量店铺普遍迎来关店潮，线下零售业经营起来似乎越来越难。

2.电商

主流商家业绩增长面临瓶颈，想要获得更多的业绩往往意味着要投入更多的推广费用，而由于较高的推广成本，投入大量推广费用之后往往导致不盈利或者整体的亏损，以至于很多商家不敢推广，业绩仅能维持现状。而小商家成功入驻淘宝的可能性也越来越小，可以说整体入驻淘宝的商家业绩增长都进入了一个停滞期。而淘宝的日活量以及用户总量也达到了一个瓶颈，很难再有任何突破。

在这样的整体零售业难有大增长的形势下，谁能够帮助商家获得更多流量，谁能够帮助商家更好地转化老客户，谁能够帮助商家更低成本的推广，谁就能更容易地取得成功。

这不单单是零售业的事情，也是每一个创业者梦寐以求的机会，因为新的行业谁都没有经验，因此谁都可以参与，唯有先行才能帮你建立未来的优势。

那么问题来了——谁才能解救零售行业？谁能够带来新零售？谁才能让千万线上线下零售商在不增加太多成本的情况下业绩得到增长？答案是微信小程序。原因主要有两个：一个是腾讯想干；另一个是小程序能干。

腾讯想做电商是人尽皆知的，虽然拍拍网最终陨落，但腾讯目前已经是京东的第一大股东，而且我们知道，像腾讯这样的大公司，目前已经有 9.63 亿日活量了，不可能在用户基数上再增长，就算增长也不可能有大的涨幅，因此腾讯要想保证自己业绩的增长，唯一的途径就是横向扩张，去做淘宝的生意，去做百度的生意，去做美团的生意。

为什么微信小程序能干呢？我们为你罗列了如下的一些最新关键信息：

一是来自腾讯新闻的内部信息。

"二、腾讯将打造微信版淘宝多公司

微信小程序准备放闸泄洪，进军移动电商了。据悉，微信正内测商品搜索功能。用户在'搜一搜'中输入商品关键词，搜索列表会直接呈现所有以小程序为载体的商品结果，而每一个搜索结果都可以直接调转到小程序商品详情页。微信小程序能够通过检索连接人与商品，其背后蕴藏的巨大想象空间和流量势能就会瞬间爆发，庞大的微商平台优势带来的巨大红利将很快催生一个全新的类似淘宝的电商模式。"

二是来自公共平台运营助手的内部测试。

为了帮助电商商家获得更优质流量，微信已经开始测试公众号"文中广告"。以前公众号的广告只能出现在底部，而且是随机出现的，目前一部分公众号已经受到微信的邀请，开始内测该功能，该功能全面上线后，广告主可以根据类目选择自己投放的内容。

点击进入商品详情页，可直接购买。

以前是在文章底部，无论是曝光量还是点击率都大大不如现在在文中加入广告入口，并且文中广告是可以直接定向的，比如商家正在推一个手机的广告，你就可以直接推到这一型号手机的评测公众号文案里去，最差也可以推到3c数码类的内容中，相比较之前的底部泛投，效果要好得多。这又给电商的商家创造了更好的商业流量入口。

三是社交电商是迄今为止唯一的成市最低、效率最高的未被引爆的推广方式，目前对于小程序来说，以下两大社交电商的功能尤其强大。

（1）社交立减金——来自微信大学，其内测功能，即将开放。

目前内测的社交立减金测试的数据如下：

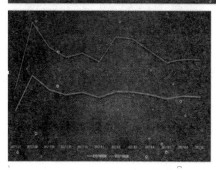

设计理念——社交化

- 平均1个老用户带来2个新用户；
- 12天活动期间总计带来50万小程序安装用户，单个安装成本是App的1/15，安装后付款转化率18%

通过社交立减金，电商商家平均可以让一个老客户带来两个付费的新客户。

通过社交立减金获取新用户的成本是 APP 的 1/15，是转化率的 18%，该功能可以帮助大量电商商家通过老客户带新客户的方式获得业绩的倍增甚至更高的增长率。

（2）拼团，来自微信大学。

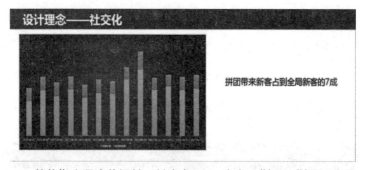

蘑菇街小程序的订单，其中有 70% 来自于拼团，拼团至少需要两个人才可以形成拼团，这意味着其中至少有一半的新用户是通过分享社交的方式带来的，这也意味着很多用户非常能够接受这种社交电商的方式，对于传统的电商和线下零售商来说，大大降低了他们拉新用户的成本。

四是已上线的微信客服。

当微信为移动电商做好了一切准备，精准的流量，低成本的

社交裂变订单，便捷的用户二次使用，微信还差最后一件事情，

那就是实时客服，无论是线上电商还是线下零售，营业员或者客服都是必不可少的，有咨询的地方就一定有转化，为了更好地帮助零售商通过微信小程序卖货，微信客服的功能也已经全面上线，所有的商家都可以通过微信客服与客户进行实时交流沟通。

五是小程序强大的老用户留存功能。

　　小程序的主界面有 80% 的视觉面积都是使用过的小程序，这意味着小程序会更多地把使用过的小程序呈献给用户，来帮助用户更高频率地去二次使用你的小程序，而淘宝的逻辑就完全不同了，主要是去呈现更多的商品和商家，因此在淘宝里打品牌比较难，而在微信里打品牌就是顺其自然的事情。

　　截止到这里，请问有什么是淘宝能做而微信小程序不能做的呢？

　　1. 微信日活是 9.63 亿，淘宝日活是 1.5 亿，微信日活是淘宝日活的 6 倍。

　　2. 你每天会花 20% 甚至更多的时间在微信里，请问你每天会花多少时间在淘宝里呢？

　　3. 你以前在哪里给手机充值可能不一定记得，但现在你一定在微信里给手机充值。

　　4. 你以前在哪里买电影票，可能是美团，但现在你一定通过微信去买票。

　　5. 你以前把钱存在银行，但现在很多人都把钱放进微信的理财通。

6. 你以前用支付宝，现你用微信支付。

7. 现在公司同事、朋友、家人交流一定有一个微信群。

8. 虽然你以前看报纸和杂志，但你现在看的是微信公众号的推文。

这就是微信改变用户习惯的巨大能力！既然微信已经改变这么多用户的习惯，那么微信就一定有能力在不知不觉间改变你购物的习惯。当所有的线上电商、线下零售商都遭遇瓶颈的时候，他们唯一的增长空间和选项就只有小程序了！

几年之前，边缘化的微商给很多行业释放了巨大的市场活力，吸引众多商家频频参与；一个更适合内容生产者和媒体人但对于很多企业来说是"鸡肋"的公众号也几乎吸引了所有的商家投入力量去经营。可以看到，现在普遍的企业都具有了一种敏锐的行动惯性，那就是——宁可跟风，也绝不错失。但凡能够释放行业新机会，商家都会拼尽全力去争抢。

微信小程序是微信官方第一次全力投入做的电商，微信小程序一定会让所有的商家都沸腾，小程序蕴藏的是改天换地的力量！

通过小程序的这些布局，我们可以看到，10年之后，腾讯再次回归，要与阿里叫一叫板。与上一次不同的是，这一次腾讯用跟淘宝完全不一样的方式，即用社交电商的方式，用工具的方式，与阿里竞争。就目前来看，阿里唯一能做的就是被动防守，做一个支付宝小程序，但请问每天有多少人会花时间在支付宝上，如果支付宝不能够占用用户的时间，那么对于商家来说就没有任何的价值。

市场机遇在哪里？

1. 对于零售行业的从业者来说：

最大的市场机遇是在目前市场竞争还不激烈的时候迅速进入小程序市场。

对于线下零售商，将小程序支付植入线下的支付场景，再通过社交电商的方式给自己带去更多流量和订单。

下面列举一个最简单的场景：以前支付都是通过微信支付、支付宝支付或者现金银行卡，那么小程序的场景是这样的，用户挑好商品之后，拿到收银台，营业员提供商品的小程序码，用户直接

扫码支付，支付之后弹出社交立减金，在营业员引导下，用户将商品分享给多个好友，即可领取立减金，下次购物即可抵扣。一来通过社交立减金将商品分享给多个好友，给自己的微信小程序店铺带来了更多流量，二来由于口碑传播，这些流量都会有非常高的转化，将进一步促进小程序店铺业绩的增长。除了社交立减金之外，还可以通过拼团的方式帮助店铺增加业绩，营业员引导用户进入商品的拼团支付页面，该页面显示两个价格，一个是正常销售价格，另外一个是拼团价格，营业员引导用户使用拼团价进行购买，在现场指导用户邀约朋友进行购买，这样就直接推动了店铺业绩的倍增。这是两种线下的小程序应用场景，轻松帮助商家获得业绩增长，几乎不需要支付成市。

2. 对于电商行业来说：

需要抢注更多的流量关键词，电商商家的推广以及流量来源主要依托于关键字。在天猫淘宝的流量入口中要想获得关键词的自然流量往往要将销量做到行业的前 1%，甚至更低才可以获得大量免费流量，或者就是支付高额的推广费用获得流量，推广来的订单往往导致亏损，通过积累大量亏损的销量，最终进入前 1% 是大卖家唯一的出路。这对商家的要求也非常高，需要有强大的团队，充沛的资金，还需要老板有坚定的信念，诸多要求导致这条路充满了风险。而现在进入小程序市场可以用非常低的成本获得这些流量关键词的永久流量，比如风衣女、棉衣女、毛衣、手表精品等大量行业词等待你的抢注，这时你唯一的成本就是每个词的建站成本。一旦注册成功并顺利建站上线，以后用户在微信中搜索你的关键词，就会进入你的店铺。

同时，由于小程序有非常好的社交属性，通过小程序做老客户的二次成交以及推荐甚至分销都是非常有想象空间的，因此建议大量电商商家在所有寄出包裹中都覆盖一张二维码的卡片，扫码得优惠或者其他，吸引老客户进入小程序，淘宝的增长已经非常困难了，所有的中心化流量平台的增长都日益困难，唯有在大势来临之前做好充分准备才能抢得先机。

小程序将通过社交电商帮助电商企业实现业绩增长，而电商企业只需要支付一个优惠券的成本，这难道不是新零售吗，什么是新零售? 新零售是让普遍的企业在不增加成本的情况下实现业绩增长, 效率提高, 成本降低, 这个是新零售, 所以, 只有小程序会带来新零售。而以上所有的梦想都要从零售商的小程序建站开始。

第四节 小程序如何改变本地生活服务商

美团、饿了么等平台，目前的抽成是20%；流量已经面临瓶颈，竞争却在不断加剧，更多的商家涌入平台，无论是传统的门店还是无门店的新的竞争对手。

那么小程序会有以下的5个优势：

1.让微信附近5公里的人都看到你的小程序店铺，给你带来新的流量，免费的流量就是生意，这意味着最早进入小程序的商家会获得一波微信的流量红利。

2.小程序被使用之后就会出现在列表中，方便下次再次应用。小程序主入口的70%视觉重心都在使用过的小程序上，微信之所以做这样的设计就是为了方便用户重复使用那些使用过的应用。

这样的设计会帮助商家更容易建立自己的品牌。

3.商户将平台的订单，也就是美团、饿了么订单转移到小程序可以极大地降低商家所需要支付的抽佣成市。如果商家把所有订单都放进小程序，之前需要支付给平台的抽成现在就可以转化为商家的利润了。

4.小程序的社交功能可以帮助商户获得更多的订单，无论是社交立减金还是拼团功能，都可以帮助商户在不增加太多成市的情况下获得业绩的倍增。小程序使商家直接针对每一个客户，所有诸如它的那些储值卡、拼团的功能可以很好地帮助商家获得更多的业绩。

5.商家从平台运营转向工具运营，成市大幅降低，不再受制于平台，可独立自主驱动业绩的增长。以前商家对接平台获得资源，以后商家对接服务商获得各种精准的营销服务。一个行业的转变，往往会带动整个周边生态的转型升级，或者说整个周边生态的变化，带动行业的发展。

第五节 小程序如何改变企业？

小程序又是如何改变企业呢，百度有 1 亿的日活量，微信有 9.63 亿的日活量。现在所有的企业终于有了一个更好的选择，要么，企业在百度里花费大量的人力去做推广或者竞价；要么，在微信里你只需要注册一些比较好的行业名称，就可以一劳永逸地获得行业流量，对于后者，目前能够觉醒的商家，只是占到了非常小的比例。

目前早期进入小程序市场的人拼命做的一件事情就是去抢注更多的行业名称，因为小程序的名称有非常大的权重，可以让你在微信搜索的时候排在前面。因此现在企业就需要去算一笔账，我是去坚持在百度里投入力量投入金钱去做推广呢？还是在微信

里抢注更多行业名称，比如做酒店的就拼命抢注区域名称＋酒店，这些名称一旦抢住下来，带给你的可是终身的免费流量！相当于百度推广的第一个位子，或者相当于淘宝推广销量最高的位置。而且成本非常低，抢注名称几乎没有成本，但是单单抢注是没有意义的，还必须要建站，大约一个词也就是3000—5000元的成本，相比较其他任何推广平台，这个成本是低得多的费用，小程序的名称，可以说是迄今为止最有价值的资源了，域名有唯一性、稀缺性、标识性，因此好的域名都可以卖出好的价钱，好的商标也可以卖出好的价钱，而小程序的名称不但有唯一性、稀缺性、标示性，最重要的是拥有所有商家都梦寐以求的流量属性。小程序一经上线就跌入谷底，然后从今年5月份又重归热潮，从5月份至今，从现在至未来下半年，整个市场都是围绕着小程序名称抢注以及建站这一核心资源在进行。聪明的企业经营者该如何抉择，相信已经都很清楚了。

还是那句话——如果公众号改变了中国的媒体业，那么小程序就有能力改变中国的商业。如果你在2012年说公众号会改变中国的媒体业，很多人都会问公众号是做什么的，在 2013 年的时候可能也是一样，2014 年的时候市场的热浪似乎已经席卷了所有媒体人，现在你说公众号改变了中国的媒体业，我想没有人会怀疑。那么现在的小程序就相当月 2012 年、2013 年的公众号，正是你提前布局的好时机。

无论你是淘宝商家，线下零售商、市地生活服务商还是其他企业，还是自媒体的运营，你要抓住小程序的时代机遇，要做的第一件事情就是小程序建站。而微信后台能够做的小程序是这个样子的，请问有谁需要一个这样的小程序？

没有人需要一个这样的小程序，所以，所有商家要想做小程序就必须要做开发，而大多数商家是没有能力自己去开发的，因此他们需要去找服务商，也就是软件开发商。

如此众多的商家入驻小程序，因此这是一个蕴藏着巨大机会的市场。

进入市场的方式有两种：

其一：开发小程序，成为小程序开发商，服务全国客户。

其二：加盟开发商，成为开发商的代理商，给市地客户提供小程序建站的服务。

第一种，需要有较强的技术开发实力，并且有强大的资金背景做支持，并且需要在竞争激烈的行业中能够提供优质的产品、适中甚至低廉的价格。

第二种，需要有较强的市地销售能力，只要业务能力过硬就能够赚到钱。

而以上任意一种，在如此喷涌巨大的市场，我相信都能赚到钱，唯一的问题，是能赚到多少钱，能赚多久，而决定以上两个问题答案的关键因素是：市场占有率！

微信作为移动互联网最大的霸主，也是极其的智慧，微信自己不做竞争激烈并且没有任何技术壁垒的建站模板的深度开发，而是开放大量接口给开发者，这样，微信就可以通过让利给开发者而吸引它，而开发者为了获得更多的利润，就必须肩负起推广整个小程序市场的任务，如此达到双赢，就如同我们之前谈论到的，小程序帮助 app 获得更多流量，而微信也让用户将更多时间停留到了微信之中，是双赢，是任谁都无法阻挡的趋势。

如果你想成为一个建站服务商，大量商家去做小程序要做的第一件事就是找服务商去做小程序的建站。这个就是小程序的第一波，巨大的浪潮，你可以想象一下，全国 1000 万个企业去做小程序建站，每一个建站，假设收 5000 元，那么这是个多大的市场，起码 500 亿到 1000 亿，全国有 300 个地级市，平均每一个地级市能够分到几个亿甚至更大的市场，你做得越早，你的市场占用率越大，你的团队越稳健，你的成功案例越多，你能够获得的市场份额就越多，所以说你越早布局，就越有优势。

用户建站有两个选择，第一个选择是定制开发，第二个是做模板，那么它们各自有什么优势和劣势呢？

定制开发即可以定制，这是它的优势，但是它的问题是：开发周期长，开发成本大，开发一个像小末程序的单页版，定制开发可能需要一个星期到两个星期的时间，开发成本起码需要 10000 以上，但是小末程序开发出来的模板，一套单页版的代理价格是免

费的！所以说，模板能够实现的功能定制，开发是没有任何优势的。而且现在的模板全都是自定义的，一个自定义的行业版甚至比大多数定制开发的功能都要强大得多。现在自定义的模板，想怎么改字段就怎么改字段，想怎么调整位置就可以怎么调整位置，想加什么东西就加什么东西，所以说除非是巨大的平台，像美团、淘宝等需要大范围的定制开发以外，模板就是大众建站最好、最优的选择。

附录
appendix

第一节

深度解读"微信公众号开放底部小程序广告投放"

公众号上线于 2012 年，但始终不温不火，跟进的人非常多，但爆发出强大力量的还是非常少。大多数人都处于探索阶段，都在尝试商业化，尝试盈利，直到 2014 年中旬，公众号底部可以投放广告，大商家和资本才开始涌入，催生了大量百万级用户的行业大号，如罗辑思维、有车以后、玩车教授、毒舌电影，它们如雨后春笋一样迅速进入大众视野，基于庞大的用户基数以及精准的行业细分市场，这些"大号"释放出了巨大的盈利能力。

2012 年每一个用户的关注成本是：5 毛钱，100 万的大号，花费 50 万的投入也就很快积累成型！百万级大号的一个头条广告费可以收到 30 万—50 万，如此算来单单头条的月度收益就已经达到了千万级别。

故事发展到这里，行业已经释放出了强大的红利，更多媒体人开始疯狂涌入公众号这一行业，市场被进一步细分——基于市地的市地号，基于行业的行业号或者兴趣号！

如果你现在问这些人，当时为什么会做公众号，他们中的大多数会告诉你，其实一开始是兼职做的。也就是说在一个行业的红利期，只要你能够入场，哪怕是兼职或者是一个完全的外行，一样能够享受行业红利。

最终公众号改变了整个中国的媒体市场！而现在呢？公众号给小程序开放了庞大的商业化流量入口——公众号可以推广小程序！玩车教授和有车以后已经迅速进入市场！并且抢占了第一波红利。

数据显示，推广了不到两个月的玩车教授目前小程序的日活量是 100 万，推广不到两个月的有车以后的日活量是 160 万，而

经营了数十年的汽车之家也才2600万日活量，玩车教授和有车以后推广小程序的时间不到两个月，累计日活已经达到了汽车之家10%的市场容量，并且还在飞速增长，电商用了十几年的时间做到整个中国零售业的4%，而小程序只用了两个月的时间，已经达到了汽车第一平台汽车之家（相当于电商行业的淘宝）10%的市场份额，如果照此速度发展，仅需1—2年的小程序红利期，这些初出茅庐的新媒体汽车平台就可以轻松超越市值80亿美金的老牌汽车平台。

这是什么？这是小程序即将爆发出来的红利！现在第一波吃螃蟹的人已经收获了非常庞大的用户基数。

请问目前APP获得一个活跃用户的成本需要多少钱？至少是200万。而在微信公众号里获得一个小程序新增用户的成本是多少？答案是仅需1元。也就是说你要想成就一个百万日活的小程序只需要花费100万，而如果这100万投进APP市场，你只能获得5000个用户。因此大商家将会押重金在小程序的市场，而大商家的涌入，会带动更多小商家的跟风，一如当年公众号的疯狂发展。

大商家投入 100 万做百万日活，小商家只需要投入 1 万，拿到 1 万日活量就已经过得非常舒坦，1 万日活量按照电商和外卖的转化率意味着一天至少有 300 单。按照 200 单单价销售额可以达到 6 万。1∶6 的投入产出比，让所有的中小商家都会心动不已！

也许现在你所在的行业，你所在的城市，还没有掀起这样的浪潮，但是在小程序的趋势之下，终究会席卷你所在的城市和你所在的行业。最聪明的办法是提前进入市场！

小程序开放在公众号里的广告投放，意味着小程序的商户可以低成市地给自己的小程序引入大量的流量，无论是市地生活服务商、还是在百度里推广的企业或者在淘宝里做生意的零售商，都会像看见腐食的秃鹫一样，迅速涌入这个市场，通过小程序扩展他们的业务，因为目前所有的平台、无论美团、淘宝、百度推广成市是极其高昂，只有微信还处于待开采的阶段！

我们已经能够感受到全国数百万甚至千万的普通用户汹涌地进入小程序这个市场夺面而来的气息了。

第二节

微信统治了我们，从昨夜起，小程序正渐渐统治微信

小程序自2017年1月9号上线以来，微信已为小程序持续开放了接近50个流量入口，在微信生态中，这绝对是空前绝后的。

然而当我们觉得小程序的高潮已经来临的时候，实际上微信才刚刚出招。就在昨晚，当所有人都准备结束这个普通工作日的时候，微信似乎是故意表现得超级轻松，通过几乎没超过一屏的内容，释放了"小程序可以外链第三方链接"这一重磅消息。

一瞬间，微信世界沸腾了，就连平时超级勤奋的微商也瞬间消

失了，整个世界被"小程序可以外链第三方链接"刷屏。而响彻
我耳畔的声音是，腾讯高层对小程序的态度：

"只要微信不死，小程序折腾不止，小程序的命运，就是微信
的命运"。

为了对得起我们的骄傲！下面给读者总结了几个点：

1.APP 有可能成为过去式。

以前小程序最多只能有两兆的代码容量，这意味着大的 APP
平台很难通过小程序给用户带来 1：1 的完美体验，这造成很多
APP 在小程序里的翻版体验没有 APP 好，然而小程序可以挂外链，
将直接使小程序可以通过第三方链接，接入无限的代码容量，因此，
从今天开始，小程序完全可以实现 APP 里能够实现的所有强大的
内容、功能和体验！由于微信庞大的用户活跃度远超 App Store（应
用商店），并且获取新用户成本极低，小程序无须下载安装，因
此 APP 有可能成为过去式。苹果的 App Store 和安卓的应用商店
也将被微信取代！

2. 微信里的所有第三方链接，都将被小程序统治。

微信里无论是第三方链接，还是H5，最大的问题是体验差，用户使用之后没有留存，并且入口极深，根本不可能帮助用户养成使用习惯。

然而由于第三方链接和h5诞生的时间比较早，所以还是有较多用户的，未来小程序诞生之后，这些应用将被取代，将会衰落。但是现在，小程序开放了第三方链接，因此未来会衰落的第三方链接和H5，一下子被小程序收入囊中，成为小程序的手和脚，帮助小程序给用户提供更强大的功能和体验。而小程序可以被微信搜索，可以通过附近的小程序浏览，最重要的是小程序使用之后在小程序列表中有永久留存！因此小程序将成为所有第三方链接、H5、甚至公众号的入口；成为所有商家、企业在微信里的第一选择，而小程序也会成为微信里的第一应用。

微信是第一应用，小程序是微信里的第一应用，换言之，小程序依托微信这个强大的社交平台，将成长为未来最大的应用！人们所有娱乐、工具、教育、生活都将通过小程序来完成！以前人们每天花 30% 的时间在微信里，以后可能每天要花 50% 的时间在小程序里！

3. 微信通过小程序真的要链接一切了，包括你楼下的小卖部、隔壁修鞋铺。

微信有所有商家所需求的用户，而最恐怖的是这些用户都是免费的，不像淘宝，百度、美团你需要支付高昂的推广成市或者抽成才能获得，在微信里，只要产品好、服务好，通过微信市身天然的社交属性，就会得到裂变式的传播。在小程序诞生之前，微信的这个社交价值，没有很好地释放平台，无法被商家和企业得到普遍的有效利用，而小程序正是为此而生的，给每一个商家提供一个平台，通过这个平台可以获得微信极其活跃的如同真实世界里的庞大的消费者和用户！

微信成功了，这只是故事的开始，接下来的故事是：小程序成功了！微信的成功，老实说，受益商家的比例是不高的，没有彻底改变零售业，也没有彻底的改变市地生活服务业，更没有改变很多企业的运行方式！

　　然而，未来小程序的成功，将改变零售业，将改变本地生活服务业，将改变很多企业。未来这些行业的商家被美团、百度和淘宝这些平台压得喘不过气来了，这些中心化的流量平台也都面临用户增长的瓶颈，现在正好，小程序的时代来了！商家可以通过创建自己的小程序平台来获得微信庞大的用户流量。

　　数千万的商家啊！而他们进入小程序市场要做的第一件事情是什么呢？答案是小程序建站！你是在做一个吃瓜群众，还是已经进入了这个移动互联网时代最后的财富浪潮？

第三节

小程序的未来以及怎样正确进入小程序千亿市场

2017 年 11 月 9 日，腾讯的全球合作伙伴大会 we 上面，腾讯高层表示：

第一，小程序未来会在小程序内开放广告组件。

假如我有一个工具类的小程序，我可以在我的小程序里面挂一个其他小程序的入口，一点击就直接跳转到另外一个小程序。这相当于什么呀，相当于在淘宝店里面去异业推广，这相当于做内容、做工具、做服务的小程序，可以通过广告组件进行商业化变现。有很多小程序不是直接商业化的，比如很多是工具类的，像记录女

性生理周期的，日历等等这种全都是工具性的，那么通过开放这种广告组件形式，就可以大大提升这些小程序的商业化变现能力，因为只有能盈利才能持续成长。同样，如果我是一个电商类的小程序，我也可以通过在其他类的小程序里推广来获得流量、获得用户。

　　我们来深度的讲一讲玩车教授的故事，在 2013 年、2014 年的时候，那个时候有一个很大的优势，在公众号里获得一个新粉丝的成本只要五毛。我来给大家算个账，你做一个一百万的行业号，就像（汽车媒体）玩车教授，需要多少钱？没错，会算账的人都知道，只需要五十万。请问这个时代，谁拿不出五十万？更重要的是：你有一个百万级的公众号了之后，你一个头条广告就可以轻松收入几十万。现在这个玩车教授一个头条差不多三十万到五十万。一个月的话，单单头条就能收入有一千万，那个时候可能没有那么高，但是你拿到一个百万粉丝公众号的时候，你是可以迅速商业化的，单单头条的广告，差不多半个月、一个月就收回来了。流量成本低就是最开始的行业大号崛起的一个根本原因。公众号是在 2014

年才爆发的，为什么说是 2014 年才爆发呢？是在 2014 年之后，微信开放公众号底部的推广空位，有很多的商家可以通过商业化的形式，通过资金的形式，迅速驱动一个大号。后来赚钱很快，于是很多媒体人看到有机可乘。因此在 2014 年掀起了入驻公众号的这样的一个浪潮。那么未来在小程序里你可以故伎重施，可以在小程序里面去推广小程序。想必他一开始的成本都是非常非常低的，那你可以做一个你自己平台小程序。然后通过其他小程序低成本的获得用户。然后迅速提升商业化的能力。

做平台当然风险是很高的，基本上 100 个平台当中，可能有 101 个都要挂掉的。但是如果是在行业的红利期，你可能起来得就更容易。

另外，所有的商家也会做小程序，卖服装的，做餐饮的。什么东西都有，他们也需要推广，那就可以找到一些很好的小程序在里面推广，前期的流量真的非常非常低。这个就是腾讯的高层释放的一个很让我感动的一个信号。

第二个信号，就是支付后关注，我们之前是支付之后可以看到

相关的公众号。未来会开放支付后关注这个功能。这个功能开放会给公众号带来第二春，让公众号再次重获加粉能力，同时也让公众号成为小程序的一个标配，更好地给客户提供资讯服务。

最后一个就是未来会推出社交立减金，这个太牛了，社交立减金，帮助蘑菇街，通过一个老客户可以带来两个新的客户新的付费。腾讯高层也明确表示未来一定会上线社交立减金。[①]

2017年11月9日腾讯高层给了一个明确的一个答复，这个东西（社交立减金）会近期上线，这让我感觉到了很强大的动力，这个行业不单单是在你在努力而已，而是行业在推动着你往前走，正常情况下，你走一步，就是一步，但是你在小程序这个行业，就是你走一步是两步，是三步。所以说你会走起来很轻松。

2017年11月9日微信又开放了两项能力。

第一，小程序可以通过公众号底部广告位推广，这个东西，其实应该是我刚才已经讲过了的玩车教授的案例，小程序运营者可

---

① 2017年11月社交立减金已经上线并使用。（编者注）

以抓住这个机会，用非常低的成市迅速成长起来。玩车教授和有车以后在两个月左右的时间，他们都双双获得了百万的日活，两个月时间获得百万的日活，按照这样的节奏，一年的时间都基市上已经可以达到汽车之家积累了十年的市场规模，请问什么样的行业会有这样的力量。只有在微信里才会有这样的力量。

第二，小程序开发助手大幅地提升开发者效率，其实对于我们开发者来说是一个利好的消息，小程序支持 php 语言，可以一边编辑一边浏览，以前是要发布之后才可以看得到。你发布了之后，如果有问题你要再重新编辑，这个太复杂太麻烦效率太低，那么现在你就可以一边编辑一边浏览。

从 2017 年 1 月 9 日到 11 月 9 日，经历了 10 个月的时间，经历了 300 天的时间。这些全都是微信的更新。微信的更新向我们展示了一件事情，那就是微信跟腾讯一定会彻彻底底地加码小程序，也包括张小龙个人的一个坚持，那么唯一的问题就是你要不要入局这样一个小程序。你要不要入局这样一个小程序，可以从两个角度考虑。第一个角度，你现在的生意有没有增长，你现在的生意竞争激烈不激烈。你现在的生意好不好。如果说你现在的生意非常非常好，你又没有精力，而且还有很大的增长量，你就不用做小程序了。如果说你现在的生意不好做。增长面临瓶颈，没有钱赚，然后在找新的机会，那么你就可以去做小程序，为什么？因为小程序是一个新的行业，大家都在同样的一个起点上，我并没有比你多专业几个月呀，其他人最多比你专业了3-6个月而已，这种优势，其实你是可以迅速拉平的，你可以通过团队、通过资金、通过各种方式去拉平这种这种差距。如果说你现在的行业不好做，那么小程序对你来说就是一个很好的行业，因为这个行业蕴藏着红利。他就像2008年的淘宝，就像2013年2014年的公众号一样。有红利的行业做起来非常容易，对人的要求也不高，2008年做淘宝都是宝妈，在家里带小孩，太闲了去做淘宝，都是找不到工作的人；微信公众号的运营者很多都是每天兼职去做的，任何一个行业的红利期，其实对于新进来的人的要求都是不高的。你甚至是兼职，你甚至是个人。我们有很多代理商是个人代理商，个人代理商也做得非常好。一两天签一单一个月轻松签十几万，成市很低，利润很高。

所以说你有两个选择，第一个选择考虑你现在，你的行业是不是不好做，如果不好做，没钱赚，记住，你无法改变你这个行业，就和你无法改变小程序的节奏一样，那你就要考虑换行业了，因为没有人能够左右行业，你只有找到好的行业，在里面盈利。而小程序给你提供了答案，给你提供了方向。而且像小程序这样的机会，在我看来是五年十年难得一遇的机会，你今天错过了小程序，你等到像下一个小程序这样的机会，可能是五年之后，十年之后。莫等闲，白了少年头，空悲切！对吧，哪里有那么多的时间给你去等待，你的媳妇怀孕了生小孩会等你吗？你的女朋友会等你吗？你的小孩要上很好的大学，要上很好的学校会等你吗？没有人会等你，所以说你要当机立断，你现在做的行业不是一个好的行业，你要调转船头当机立断，现在就要纵身一跃，勇敢地跳到小程序的行业里来，因为没有人在做这种方向性的选择的时候有百分之一百的把握。包括我们公司，我自己，我们在决定进入小程序这个行业的时候只有一个想法：微信还有很多大招是没有放的，它未来一定是会发这些大招的。并且我们意识到小程序的布局在未来是完全有能力去改变很多的行业，我们只有这样的把握，五六成，然后我们纵身一跃，跳进来。之后，才能真正抓住这个行业的机会。现在小程序是我们公司整个的发动机，没有小程序，我们公司的增长可能已经停滞了。但是小程序给我们焕发了新的活力，而且这个活力才刚刚开始，微信给小程序的筹码还有很多都没有放出来，包括我们公司给小程序的筹码，也都还有很多没有释放出来。我们对小程序饱含了信心，之前我讲过一句话，这句话真的每到这个时候都是有感而发，因为真的是太令人兴奋了，这种东西是可遇不可求的，因为它会让你的人生充满诗意！以前雕爷有句话：电子商务于我（于雕爷）不是一荣一粟，而是我在这个单调无聊的世界，生生不息的英雄梦。其实我现在是真正能够体会到他的这种感受了，因为这种爆发式增长的行业，会让你的人生充满诗意。感觉自己就是一个英雄一样，感觉自己在拯救世界，你感觉自己有能力改变很多东西，做一件事情就能成一件事情，你的人生充满精彩！充满了似乎可以实现一切的能力。

雕爷是做精油的，他一瓶精油的成本可能 10 块钱，他可以卖到 200 块钱。赚到很多钱，双十一做一次活动可以卖到几千万，可能成本不到 100 万。如果说你卖 1000 万，你的利润是 900 万，你的人生就会充满诗意，你的人生就会很精彩，你感觉这个世界就是你的。所以就会流露出诗意。那么现在小程序就是这样一个行业，在 2008 年到 2012 年这几年做电商是充满诗意的，2012 年到 2015 年公众号充满了诗意，2017 年到 2021 年，这 5 年做小程序会让你充满了诗意。

这就是我的感受，我是一个比大家可能先早一点入局的老朋友了，我把我的经验分享给大家，其实我在写这个东西之前真的不知道该讲什么。因为我不是技术出身的，真的好难讲。但是呢！当我提笔的时候，所有的内容就像潮水一般涌出来了。对于小程序的未来，大家无须怀疑，唯一的问题是你要不要入场，只要你现在的工作不诗意，不是一千万你能赚到差不多七八百万，你就应该入场。

如何入场呢？横着入场还是竖着入场，横着入场就是去做增量，竖着入场就是去做深度。这个讲得有点复杂，其实不需要这么讲，入场其实有几种方式，第一种，就是把你的业务小程序化，意味着你要去做平台，这个风险还是比较大，对人的要求比较高，对资金的要求比较高，这就是竖着入场，你做什么业务，你就根据小程序去延伸，这个是竖着入场做深度，对此我是没有经验的，你要问我怎么竖着入场我不知道，你要自己去悄悄探索，慢慢积累。那么我有什么经验呢？我有的是横着入场的经验，小程序可以让所有的零售商、市地生活服务商、大部分企业入局。

　　应该这么说，小程序，我们再回过来讲一下，微信为什么要做小程序，因为微信想通过小程序链接所有的零售商，链接所有的市地生活服务商，链接所有的企业。这几乎是整个中国非常大的一个GOP的比例，通过链接这些所有行业商家的方式，对微信的9.3亿用户进行商业化。所以一定会卷入几乎所有的零售商，卷入几乎所有的市地生活服务商、卷入所有的企业。这么大量的企业要进入小程序，他们要干的第一见事情就是建站，所以说横着入场其实很简单，去做建站服务商，保证你赚到钱。那么你在做建站服务商的时候，其实你要给客户去做运营，也就是去做深度，就是竖着入场。你也可以在给客户做运营的过程当中，积累做深度的经验，也就是竖着入场的经验，等你有了经验，并且通过给商家去建站，赚到很多钱的时候，再去竖着入场，你成功的可能性就很高了，所以说从我个人的偏好上来说，其实我是建议所有，对小程序的机会有这个想法的人横着入场去做服务商，最好是做做我们小末程序的代理商，然后去发展市地的客户。去给他建站，因为这些商家进入小程序要做的第一件事情就是建站。横着入场，然后再竖着入场，在我看来是最保守也是最安全的方式，其实创业就跟投资一样，投资你的青春，投资你的钱，投资你的经历，投资的第一要素是什么呢？投资的第一要素不是高风险高回报，这是很愚蠢的想法，真正的价值投资者，他们最关心的是什么：是控制风险，创业也是一样，创业之前一定要控制风险，而不是基于你的梦想，基于你的想象，基于你的感受去创业，一定要基于风险，我横着入场的风险低，我就横着入场。因为只要你的风险低，持续创业成功的可能性才大，你每次创业才会有积累。创业一次成功了赚了 1000 万，再创业一次失败了，1000 万就没了。再创业一次成功了赚了 500 万，再创业一次亏了 1000 万，这就等于没创业，你必须要在每一次创业前做好充分的积累。打一球就进一球，哪怕这个球不漂亮，不好看，但是你每一球都是在加分的。在给你的人生加分，让你的生活更美好。你去打球，一次成功一次失误，又一次成功一次失误。你的人生会很可怜的，别人奋斗 5 年有车有房，你奋斗 5 年再重新开始！

想和大家分享第二个是，每个时代，只会成就一个霸主，搜索时代成就了百度，电商时代成就了阿里，社交成就了腾讯和微信。每个时代只是会成就一个霸主，每一个霸主在崛起过程中都是充满缺陷的。早期的百度是不被大家看好的，然后淘宝也是一样，最开始淘宝有三座大山，没有支付，没有物流、商品很垃圾，包括现在，淘宝的很多商品还是很垃圾的，我做过淘宝，我敢说这句话，所以说所有的霸主在崛起的时候都充满了缺陷，包括腾讯，腾讯最初想卖的，卖 150 万就算了。我们不要去质疑他的缺陷，没有意

义。这个缺陷并不影响这个霸主最终崛起。你需要做的最重要的
事情是，确定这是一个霸主，然后跟进跟进跟进跟进。不要去质疑，
没有意义，你的质疑不会得到解决，这些平台和时间会去完善它。
小程序的 33 次更新就像失恋 33 天一样，从失恋的痛苦中一步步
找到幸福所在，然后变成一个很开心很快乐的一个人。小程序上线，
经历 33 次更新，变成了一个很强大的小程序！每次霸主崛起的时
候都是财富重新洗牌的最佳时期，这个其实很简单，不用我去过多
地讲。还有一个现实的状况，就是说，现在所有中心化流量平台
都面临很大的瓶颈，现在几乎可以说是互联网风起云涌的变革期、
交替期、转折期。淘宝也不知道怎样增长了，百度也不知道怎样
增长了，去干什么无人驾驶和人工智能。那个东西还很远，美团
也不知道怎么增长了，大家都不知道怎么增长了。这还不算最惨的，
最惨的是商家，平台里的商家还在不断涌入，竞争还在不断加剧，
成本越来越高，提成越来越高，所以大家都压抑着，平台面临这样
一个瓶颈，商家被苦苦压榨，正如三国所说，天下大势，分分合合，
合合分分，也许马上就要进入一统天下的状态了！会有一个新的

天地出现，这个新的天地，在我看来目前只有一个答案，这个答案就是小程序。

小程序为什么会比这些平台都强呢？因为小程序它不是平台，是平台就一定会面临平台的这种状况，一定会让商家给平台打工，成本一定会加剧，竞争一定会加剧，到最后大家都没有钱赚，平台去赚钱，这是平台必然的宿命。但是小程序不是平台，小程序是啥，小程序是平台化工具，它是一个工具，是给每一个商家去自主运营的工具，你通过我这个工具免费的去做客户关系管理，你可以通过我这个工具免费地去做社交电商，不管是客户关系管理，还是社交电商，都是在增加你的业绩，都是在不增加你太多成本的情况下增加你的业绩。所以说小程序会掀起真正的新零售，所谓的新零售就是让普遍的商家，在不增加你太多成本的情况下，业绩增长，成本降低，效率提升。这不就是小程序干的事情吗？这不就是马云在喊，但是现在只能恐惧的事情吗？

这是一个未来五年到十年的巨大漩涡，你要么就跳进去，你要么就和它失之交臂，但最终不得不被裹挟进入。你进入的时间越早，你能够抓住的机会就越多。我们进入的时间比较早，其实说白了我们也抓住了很多机会了。你进入的时间晚，你也能抓住机会，但是很多机会都被你错失掉。另外，小程序这个行业跟公众号一样，需要有人带你。如果说没人带你，你就不知道该怎么去加粉。我们签过一个客户，1000万的粉丝，这哥们儿应该比我还小一点，90后，做公众号的时候可能刚刚毕业，一年多的时间，20多个公众号加一起有1000多万的粉丝，很赚钱。他为什么能够做起来，他告诉我，是因为他的学长做了很久，有学长带他。

小程序也是一样，需要有人带你。我们在这个行业里面干了几个月了，成为代理商后我们会深度地教你怎么去卖，怎么去做会销、怎么做直销，怎么躺盈。我们会带你，因为我有经验，我们带你的成本是把一个密码发给你，在直播间里面，大家回头可以进入直播间，里面有很多培训视频，有一些视频是可以看的，有一些视频是我内部代理商的培训视频，我内部代理商的培训视频都是有密码的，你成为代理商，我就会把密码给你，你就可以用这个密码看到这个行业的面貌究竟是什么样的，如何具体行动。然后所有的最新的东西，我们都教给你，每个星期每两个星期不断有新的内容通过内部直播的方式放出来，分享给代理商，你们就通过我们这种方式去进入市场，去打市场就可以了。

从现在到 2018 年 6 月，小程序第一个阶段就会结束，你进入这个行业在 2018 年 6 月之前，都可以通过现在的方式去盈利。那么到 2018 年 6 月之后就是新的方式。所以说你是在和时间竞争的，你现在赚钱是真的很好赚，2018 年 6 月是什么样子，其实我们也有方法，有套路，我们已经做好了万全的准备！

这些是在小程序里面上线的大品牌：

1-25	H & M
1-25	宝洁护舒宝 、永辉超市
20-10	星巴克
2-23	摩拜单车
3-21	车来了
3-27	GAP

他们选择了小程序。你有什么理由不选择小程序，他们选择了程序，你的客户有什么理由不选择小程序。而且小程序正在深刻地改变他们的业务模式。

好啦，我们的内容基本上结束了。最后给大家一点建议：一个新的行业正在崛起，这是一个全新的行业，经营方式不同。它改变市场的能力也是无限巨大的，远超过以前所有的互联网市场。超过百度的市场，超过美团的市场，超过淘宝的市场、超过阿里的市场。一个新的行业正在崛起，你！要不要入局？我已经入局了，你要不要入局！我已入局，你在哪里？

你现在在做不赚钱的生意，埋头在做让你感觉不到诗意人生的事情的时候，一个新的行业正在崛起，我已入局，我找到了我的诗意的人生、诗意的事业！你在哪里，你要不要过这样的生活，你要不要做这样的事业？

我是大树

我们的域名是 xiaochengxu.com.cn

记住它，它将带你走上正确的小程序之路！